经典数学系列

[英] 卡佳坦 · 波斯基特　原著　[英] 丹尼奥 · 波斯盖特　绘　刘　阳　译

北京出版集团
北京少年儿童出版社

著作权合同登记号
图字:01-2009-4301

图书在版编目(CIP)数据

绝望的分数 /（英）波斯基特（Poskitt，K.）原著；（英）波斯盖特（Postgate，D.）绘；刘阳译．—2 版．—北京：北京少年儿童出版社，2010. 1（2024.10重印）
（可怕的科学·经典数学系列）
ISBN 978-7-5301-2339-3

Ⅰ.①绝… Ⅱ.①波… ②波… ③刘… Ⅲ.①分数—少年读物 Ⅳ.①O121. 1-49

中国版本图书馆 CIP 数据核字(2009)第 181268 号

可怕的科学·经典数学系列
绝望的分数
JUEWANG DE FENSHU
［英］卡佳坦·波斯基特 原著
［英］丹尼奥·波斯盖特 绘
刘 阳 译
*
北 京 出 版 集 团 出版
北 京 少 年 儿 童 出 版 社
（北京北三环中路6号）
邮政编码:100120
网 址：www . bph . com . cn
北 京 少 年 儿 童 出 版 社 发 行
新 华 书 店 经 销
三河市天润建兴印务有限公司印刷
*
787 毫米×1092 毫米 16 开本 10 印张 50 千字
2010 年 1 月第 2 版 2024 年10月第 79 次印刷
ISBN 978 - 7 - 5301 - 2339 - 3/N · 128
定价：25. 00 元
如有印装质量问题，由本社负责调换
质量监督电话：010 - 58572171

目录

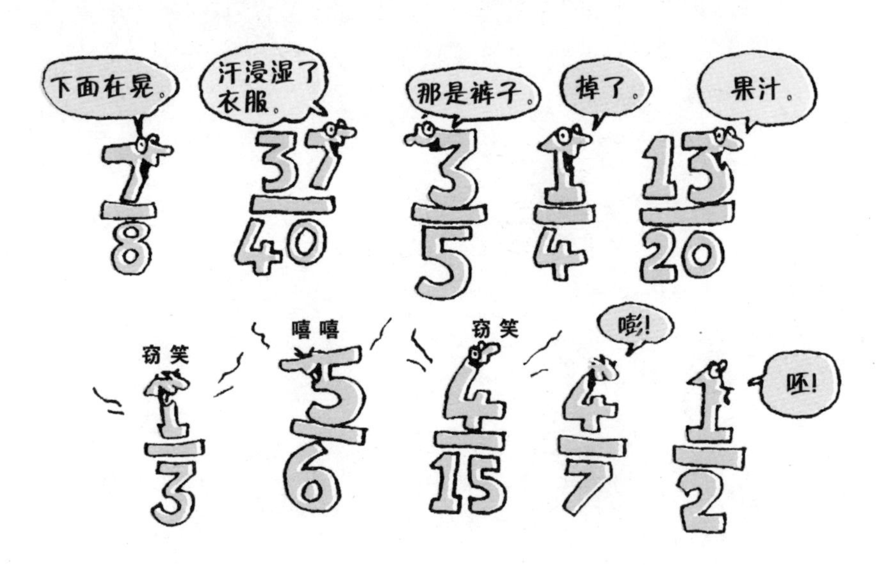
下面在晃。
汗浸湿了衣服。
那是裤子。
掉了。
果汁。
窃笑
嘻嘻
窃笑
嘭!
呸!

已经警告过你

打开本书之前，你应该已经注意到了封面上的两个地方。你要是忘了，我可得提醒你一句，那就是：中间的框里写着“可怕的科学”，以及本书的书名《绝望的分数》。

即使你不是个天才，也可以看出这些话到底想要告诉你些什么。不过，如果你是个斤斤计较的人，以至于连发现气象预报员的发型乱了都会打电话投诉的话，那咱们还是把这些话解释得更清楚一些为妙。

▶ 任何一本书，只要它的封面上写了“可怕的”几个字，那么里面就绝不会出现比如插花、家庭美发指南或者是蛋糕食谱之类的休闲话题。

▶ 如果一本书被称作《绝望的分数》，在其中发现些绝对平均或者实在过分的事，也就不足为奇啦！别忘了，事物本身有很多个侧面，而这里不过只谈了两方面。

尽管有以上这些忠告，还是有一些固执的人要求读这本书。因为只有这样，他们才能够抱怨它……

如果你是他们这类人中的一个，那么下面就是专门为你准备的：

如果你跟他们一点都不一样——那咱们现在就出发吧！

《绝望的分数》中有什么

如果你读过“经典数学”中的《你真的会+-×÷吗》一书，那么就用不着再解释什么了（你一定可以不依靠计算器，而是完全凭借自己的力量进行各种可怕的计算，更用不着要滑头）。普通分数曾被要求收录在《你真的会+-×÷吗》中，并作为一个独立的章节存在。但它们的表现实在是差极了，我们只好又把它们集中起来，塞进这本算是最安全的书里。

普通分数来自对东西的分割。你来计算一下 10÷5，答案当然是2。这里的答案是个整数，因为它不多不少，正好是 2。但是，如果你要计算的是 5÷10，那么你的答案会是……

如你所见，这里得到一个数字在上、一个数字在下的答案。这就是说，计算结果不是一个恰好完全的整数。因为，$\frac{1}{2}$ 要比 0 大一些，而又比1小一些。像这样不是整数的数字，被我们称作分数。谢天谢地，这个家伙的表现还算不错，很有礼貌。

天哪！它已经开始变得无礼了。这样下去可不行，我们得给它定些规矩。像这种不大不小的数字有两种书写形式：一种是以前曾经接触过的小数，另一种就是……

安静！

够啦！

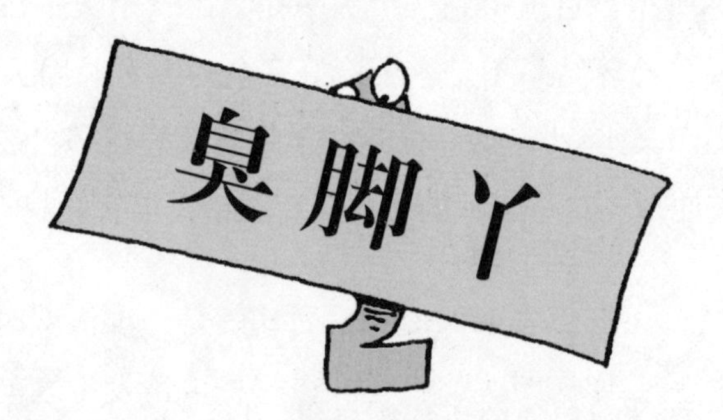

真是抱歉，不过你可能已经猜出来了，这种一个数字写在上面、一个数字写在下面的数，被我们称作分数。

平均数也同样惹人讨厌，只是方式不同。

别着急！你马上就会搞清楚，为什么平均狂们会干出切下自己手指这种傻事来。同时你还会发现，这都是那些不大不小的数字惹的祸！将平均数和分数放到同一本书里也许是个错误的决定，但是，为时已晚啦！

准备活动

有一群可怜的家伙，他们认为这本书拙劣、粗俗、愚蠢、缺乏教育意义，根本不值得一读。他们甚至会把书抢走，然后藏到脏脏的碗柜顶上。说不定，旁边就放着一顶久置发黄的旧礼帽，那还是你为参加婚礼而专门买的。当然，大家都不喜欢多管闲事的人，咱们这就来给他们上一课。

这帮人还老爱教训人说：这简直就是一堆浪费时间的垃圾，或者说：它会使你的头脑腐烂。在这种事情发生之前，你一定要迅速地翻到第156页，给他们看看“‘可怕的测验’答案”。正如你所想象的，那些答案可真够复杂的，足以给那些最令人讨厌的学究们、那些妄自尊大的老师们，还有那些脾气暴躁的家长们留下极其深刻的印象。

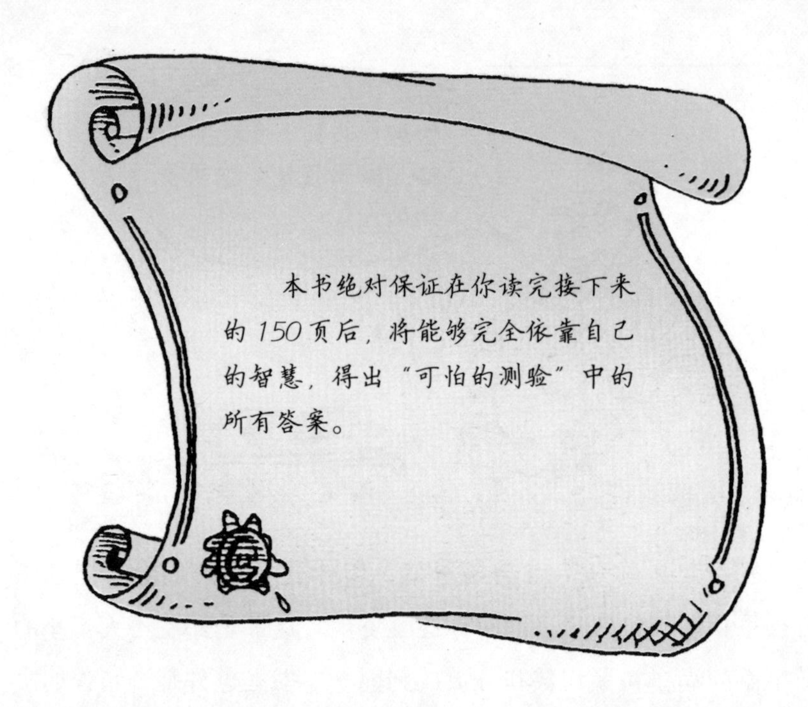

这样的话，就能让他们把嘴闭上！现在你需要做的就是：塞上你爸妈的耳朵，把小狗抱回窝——可千万别吓着它们。我们起程吧……

最普通的分数

在想出对付它们的办法之前，我们首先要知道的是：为什么要容忍这帮家伙。一个完整的分数是在向我们表明，事物的“一部分”究竟有多大，并且是用一上一下的两个数字来表示的。分子是指爬到顶上的那个数字……

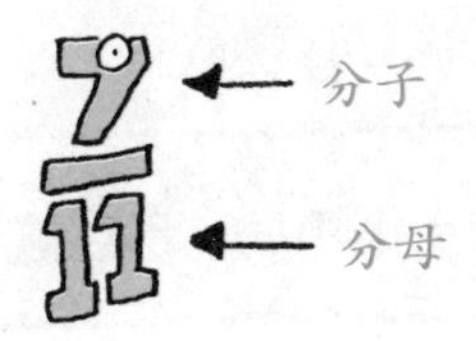

……分母是指留在底下的这个数字……

我的天，看看这帮乐开了花的家伙，竟在高呼“底下”！它们是不是恨不得要蹿出这页纸？

辨别分数大小方法的快速入门

通常情况下：

如果顶上的数远小于底下的数，那么这个分数只表示一小部分。

例如，假设你有一块自己都舍不得吃的巧克力。一天，最爱欺负你的哥哥突然出现，告诉你这块巧克力的十六分之一（写作$\frac{1}{16}$）被他吃掉了。那么，你可能只会狠狠地瞪他一眼，然后决定饶了他这一次。这是因为，上面的1要比下面的16小很多，所以，被他吃掉的那一部分非常小。当然，如果情况变成他吃了你的巧克力的$\frac{8}{11}$，结果就会完全不一样，你说不定会冲上去给他一个耳光。

如果顶上的数接近底下的数，那么这个分数表示一大部分。

还有两件事你必须知道：

如果顶上的数与底下的数大小相同，那么这个分数等于1。

因此，如果你的哥哥说他吃了你的巧克力的$\frac{23}{23}$即整块巧克力，那么他吃的也太多了！不如在他床上放满蜘蛛，你看如何？

最后，我们来看这一类分数：顶上的数字比底下的数字要大。

就是右面这个！这种形式可不太好，因为：

在分数中，如果顶上的数字大于底下的数字，我们就称之为假分数！

处理假分数的正确方式

假分数的主要问题是难以迅速地判断出它究竟有多大。来看 $\frac{58}{9}$，它是比 5 大，还是比 20 小？

真粗鲁！这就是为什么通常最好摆脱掉它们的原因。就让我们来好好教育教育它。快，逮住它！

我们用顶上的数来除以底下的数：58÷9，得到商6和余数4。这就是说，假分数$\frac{58}{9}$变成了6余$\frac{4}{9}$。来看一看它现在的样子。

仍然还有一个小小的分数被留下来，但是，现在它旁边多了个大大的“6”。对这个数的大小，我们形成了更清晰的概念——这个数也就是“六多一点”。这种由一个整数和一个真分数组合成的数，称作带分数。

将带分数化为假分数

在计算过程中，当你碰到像$6\frac{4}{9}$这样的带分数时，你最好还是放下架子，赔着笑脸，把假分数再给请回来。你要做的就是把左边的整数（此处是6）乘分母（底下的9），得到的结果再加上分子（顶上的4）。这听起来很麻烦，不过在这里你只需将6乘9，得54，然后再加上4得到58，最后就把这个58放到9的上面。这样，我们就又得到了假分数。

假如我们有一个带分数$3\frac{1}{2}$：只要将3乘2得到6，6再加1得7。这样，$3\frac{1}{2}$就变成了$\frac{7}{2}$。

接下来，大家来看看到底哪一种形式的分数是最有用的。我们将邀请一位数学家，来给大家解释分数究竟是从哪里来的：

如果你有一个东西或是一堆东西，你想要把它们平均地分成几块或几份，那么你可以这样表示：写下这堆东西的数量（如果只有一个就写成1）。然后在下面写上你想要划分成的块数或份数。

真厉害！让我们实践一下，以便大家理解。

假设我们要分的东西是6颗死角马的眼珠……

这里有3只秃鹫在焦急地等待着公平的分配……

也就是说，我们得把6颗眼珠平均地分成3份。按照数学家的说法，我们只需写下这堆东西的数目，然后在底下写上要分配的份数。我们写出来就是：

$$\frac{6\text{颗眼珠}}{3\text{只秃鹫}}$$

当然，我们必须写成数字才能得到$\frac{6}{3}$。干得好，得到的是一个分数！可以看出，这是个假分数，而这一次我们不必再容忍它，用顶上的数除以底下的数就是6÷3。这样就变得非常简单，立刻就可以得出：每只秃鹫分得两颗眼珠。

正如你现在已经认识到的，分数就是除法计算的另一种写法。要是愿意，你可以想象出一个除法算式，然后把数字都挪动到除号上，就像这样：

$$6 \div 3 \quad 6 \div 3 \quad \frac{6}{3}$$

我们真的不得不用分数吗

不是所有的除法计算都能恰好得到一个完美无缺的整数，而毫不拖泥带水。你知道吗，这些天所有的聪明人都在研究，怎样用几百万个电视频道来轰炸我们的头脑。如何除去分数这类简单的事情，不应该让他们去费心。可不是吗？他们应该还有更重要的事情需要考虑。他们认为更重要的是，如何保证每一个频道都只包含有立体声垃圾。那样的话，房间里立刻就会回荡起令人昏昏欲睡的声音。

即使你要从真正的大数字开始，你也绝对抗拒不了可爱的小分数。此外，大数通常是没有害处的，而小数却很有可能会要了你的命……

场景：已废弃的加油站

地点：伊利诺伊州红蚂蚁牧场

日期：1926年7月24日

时间：早上6：20

“小伙子们，按说好的，10 000元钱在这里。”马布特太太敲动着自己的手指。摇曳的蜡烛照亮了旁边的柜台，大个子杰克把布袋扔了上去。在远处的墙根底下，有7个男人挤在一起，正向这边看过来。他们都想向这边冲过来，但又都在压抑着这一冲动。然而，这一幕并没有在大个子杰克面前突然发生。事实上，这里根本没有什么动静，实在是安静得很。

“衷心感谢您，太太，”布雷德·博塞里轻声说，“请不要让我们照您的意思去做，也包括大个子杰克的意思。”

“不，不能照大个子杰克的意思做，”另外一个人含混不清地说，“不想听大个子杰克的，一点都不想！”

突然，有一个闪闪发光的东西出现在大个子杰克的手里。那7个男人一下子全都瘫倒在地，捂住自己的脑袋。原来，那是一根银质的牙签。杰克不怀好意地看着那边，开始剔他的大银牙。马布特太太转过身，向门口走去。

“那么好吧，你们现在把它平分啦，一定要干得漂亮。”她咧着嘴说，“你们每人应得的部分，难道还要让我来给你们算出来吗？”

“不用了，谢谢太太，”布雷德从一个破旧的油罐后面看过来，小声地说，“10000 元可是一笔不少的钱，所以我们根本用不着担心这种小事儿。”

“既然你这么说，那就好办了。”马布特太太说，“去开车吧，杰克。祝你们干得漂亮，孩子们！”

她说完就离开了。顷刻之间，那些男人都拥到桌子跟前，揪住钱袋不放。

“啊哈！”查尔索尖叫道，“10000 元钱呀！”

“真有趣，可不是吗？”一根手指的吉米说，“谁会想到你们加百利家竟会和我们博塞里家合作呢？”

“是啊，”查尔索说，“即使是装修马布特太太的公寓。”

突然，屋里陷入一片令人窒息的安静。

“没人会想知道那个！”布雷德低声说道，“反正别人都认为我们是一群匪徒。如果有人问起来，我们就说这钱是从银行抢来的，怎么样？”

“对，就这么办！”大家一起点头。

威赛尔说：“好，一致通过。咱们7个人该来平分这些钱啦！”

“对每个人来说，这都是一笔大收获啊！”波基说。

“开始分吧。我猜我们每个人可以拿 1000 元，那么桌子上就还剩下 3000 元。”先开口的是威赛尔，他似乎有些不耐烦。

“但是，怎样把这3000元钱平均地分给7个人呢？”布雷德问。

“我们还能以 100 元来计算。”威赛尔嚷嚷道，“我们真走运，还有个会做算术的家伙。嘿，瘦子，该怎么分？”

“每人400元，那么桌子上还剩下200元。”一个瘦瘦的男人说。

“剩下的钱就只有 10 元的、1 元的和一些硬币了，这下子就应该不难分了吧！”波基说。

“瘦子先生，还剩下 200 元钱。每个人应该从中拿走多少呢？”查尔索问。

“20元。”瘦子说。

“才20元呀！”布雷德显然对结果并不满意。

“对呀，要是你们加百利家能有更妙的主意的话……”一根手指的吉米说。

布雷德、吉米还有波基正要伸手去拔枪，但已经太晚了——他们已经发现笑面虎加百利的几桶烈性炸药。

“想得倒美！”威赛尔说，“瘦子的脑子里根本没什么好主意，他脑袋里只有数字，告诉他们数字……”

“7个人每人拿走20元钱后，一共拿走了140元，那么从200元中减去这一部分，还剩下60元。”

到此时为止，桌子上已经有了7堆钱，每堆1420元。

瘦子接着说：“剩下的60元钱，每人再拿走8元，那么就剩下4元钱。”

“接下来我们该怎么办？”布雷德问。

查尔索出了个主意：“要是我，就把整钱换成零钱再分！”

“老兄，您的意思难道是说我们即使是分 10000 元钱也要换成小小的零票来分吗？”布雷德又发起牢骚来。

“准确地说，我们只要把这4元钱换成分币就行了，那样的话，我们就有 400 分了，每个人能得到 57 分钱。”瘦子又开始咬文嚼字起来。

经过一番激烈的讨论和紧张的计算之后，终于有了结果，现在每个人都迫不及待地数着属于自己的那份钱。

哈斯曼先数完了：“我拿到了1428元5角7分钱。”

“我也是。”吉米说，“我们大家都是这个数儿，可接下来该怎么办呢？”

这时候，每个人都紧紧盯着在桌子正中的那枚最后的小硬币，它在烛光的映照下一闪一闪地发着光……

“也许我该用锯子和斧子把它平分成 7 块。”查尔索窃笑道，

“这看起来似乎是唯一能够保证公平而且还算可行的办法。”

“你这个大笨蛋！我才不会为这一个小小的硬币发愁呢。唯一的解决办法就是——我来拿走！”布雷德一边说着，一边伸手去拿硬币。

“不！你不能拿！”威赛尔一下子猛扑上去，想拦住布雷德。眼看就要抓住了，可是布雷德的动作实在太快，转眼就冲出了门。

“追上他！”笑面虎加百利已经怒不可遏。

“追上他们！”吉米吼道！

“别跑！你跑不掉的！”波基也大喊。

立刻，他们争先恐后地冲出了门，7 个身影飞奔而过，他们迅速融入了漆黑的夜色中。顷刻间，只见一团巨大的橙色火球照亮了整个天空——房子着火了。只不过是发生了一个简单的连锁事件：在刚才的慌乱中，蜡烛被打翻了，银行的汇票被点着了，还有油浸过的原木地板，以及被遗忘的燃料箱，结果可想而知……

但是，没人会知道，到底是谁迈出的第一步，又是谁把蜡烛打翻的。

“加油站！还有我们的钱！”夜色中爆发出异口同声的惨叫。

远处的山脚下，大个子杰克发动了轿车引擎。

“正如我所料。”马布特太太冷笑道，“我就知道留下来看一看是值得的。看到了吧，分数的作用可是千万不能忽视的呀！”

分数的名称

这很简单！来看下面的数字，这是它名称的由来：$\frac{1}{5}$是五分之一，$\frac{1}{12}$是十二分之一，$\frac{1}{284}$是二百八十四分之一，以此类推。但是，也有例外：

$\frac{1}{2}$通常被称作“半”（这本书再一次泄露了一个秘密，这肯定是你做梦都想不到的）。

$\frac{1}{4}$通常被称为“一刻”或“一季”，这来源于古人对时间和季节的描述。古时候的人，曾经用结绳和刻壁的方式来做事件记录（这里可不是在为谁歌功颂德，而是在记录他们自己的真实生活）。你还不知道吧，那个时代的刽子手在行刑完毕后，得到的喝彩从来没有少于4次。

$\frac{1}{100}$常被称为“百分之一”，这里的“百”就是特指一百，有时候也可以用一个特殊符号“%”来表示。

因此，分数可以用来描述物体的一部分——无论你是要平分一盒巧克力，还是要把钢琴砍成 29 块，或者甚至是你想要入侵附近的星系。如果这样做无伤大雅的话，伟大的太空舰队的司令官们，就可以各自分得一些恒星和行星。

分数能够解决几乎所有问题，这基本上已经是公认的了。可更有趣的是，人们还总是会因为某些原因而试图对分数加以解释，比如想象把蛋糕像这样绝对均匀切开：

我们假设这一切都是发生在现实生活中的事情。那么，接下来发生的事就会是这样的：

看来，切蛋糕可以算得上是验证分数最简单的方式。那么我们来做几个蛋糕，看看大家又该怎么办。

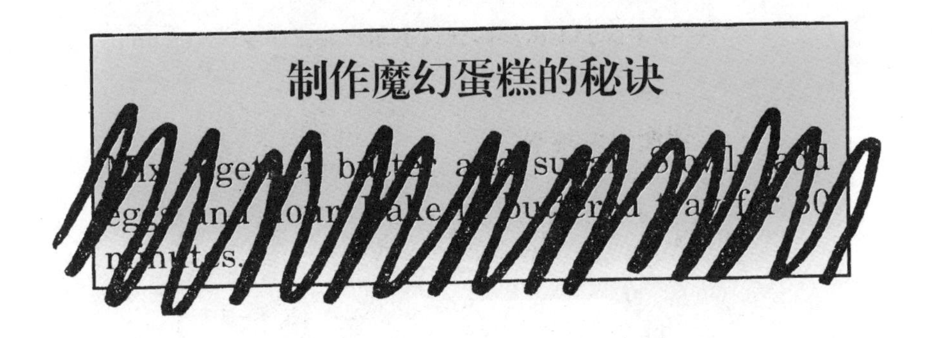

哎呀！此书本来应该是有关“经典数学”的，而分好蛋糕的窍门却是——想办法偷吃掉它。

不必交代我们是怎样想出这么伤感情的题材来的。不去想它，我们来把碗橱中能够找到的所有的东西混在一起，加入人造黄油、鸡蛋、牛奶、玉米片、烤肉酱、白糖、烤豆、猪油、咖啡、果酱……

我们和的面足够烤出两个蛋糕啦。现在来分装成2罐，放进烤箱，最后为了节省时间，将火力调到最大。哇！已经闻到香味啦！但是，别忘记咱们可不是在上烹饪课，这是一次数学实验。让蛋糕在烤箱里烤着，我们得去一趟山洞。那里住着一个老巫婆，她养了一只乌鸦和一只会说话的猫，我们必须去她那里买一筐樱桃。

你好吗？这是什么？从装樱桃的袋子里飘出来一张纸片，上面这样写着：

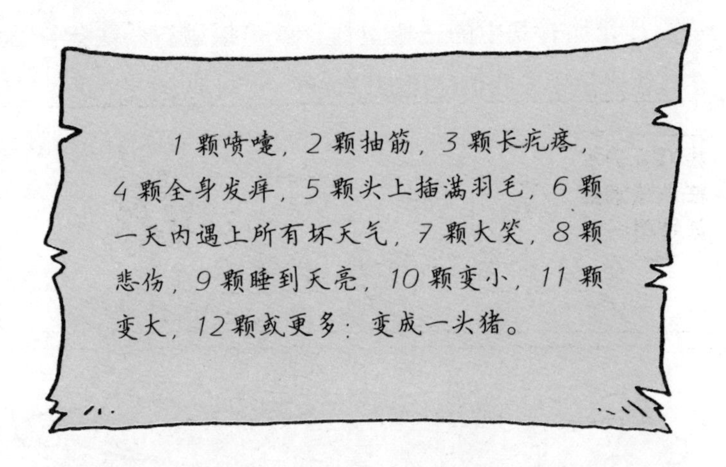

所有这些都是那么离奇古怪，而这又跟“经典数学”有什么关系呢？绝对没关系！那就继续我们的实验吧。蛋糕已经烤好了。在你阅读这本书的时候，是不是觉得时间过得飞快？

趁着这个时候把樱桃放到蛋糕上。看样子，第一个蛋糕足够把24颗樱桃均匀地码成一圈。

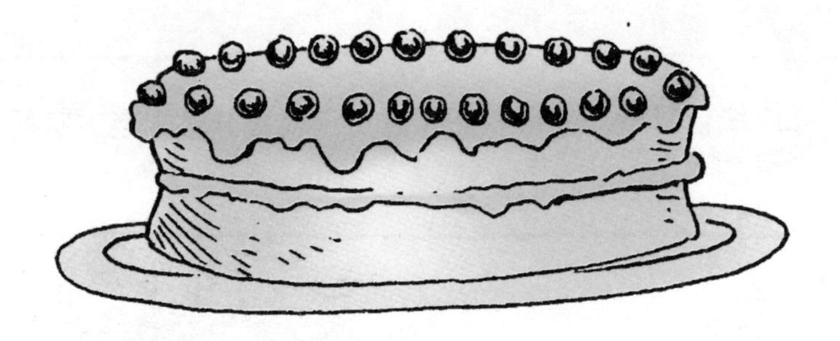

我们把蛋糕作上标记，分成同样大小的3块，并切下其中的1 块。现在很容易就能看出，每一块蛋糕都是整个蛋糕的 $\frac{1}{3}$ 。那么，你就可以算出每一块蛋糕上有多少颗樱桃。有趣之处在于，这里可以有两种计算方法。

▶ 当把蛋糕切成3块时，我们得到每一块蛋糕上的樱桃数目是 $24 \div 3$。

▶ 要是我们有其中的一块蛋糕，就可以进行乘法运算 $24 \times \frac{1}{3}$。在口语表达中，我们往往把它读作“二十四的三分之一”。

当然，两个答案都是8颗樱桃。检查检查，看看你自己的蛋糕。

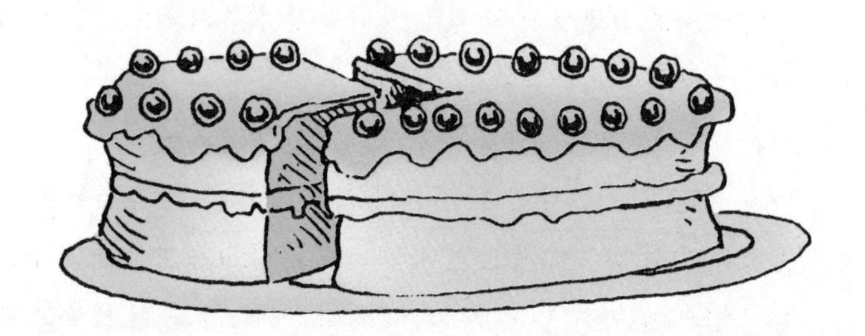

令人激动的是，因为这两种计算方法得到的答案相同，那么它们肯定是等同的：$24 \div 3 = 24 \times \frac{1}{3}$。

也就是说，除以 3 等同于乘 $\frac{1}{3}$。对于如何处理讨厌的分数，这里为你提供一种好方法：

在除法计算中，你可以把除数（可以是分数）上下颠倒，然后将除号变为乘号。

也许我前面说得过于简单，你还没了解清楚。其实你可以这样想：首先，想象3的下面还有一个1，那么它就变成分数$\frac{3}{1}$，把1放到任何数字下面都是错不了的。如果不信，你可以把这个分数写成算式$3\div1$，结果还是等于3。所以，当我们计算$24\div3$时，大家就可以把它想象成$24\div\frac{3}{1}$。然后，把$\frac{3}{1}$上下颠倒过来，并把$\div$改成$\times$，就变成$24\times\frac{1}{3}$。

有时候，将算式中的除号变成乘号是非常有用的，而且这个小窍门可以用于任何一个数字，例如：

$538=2561418\div4761$等同于$538=2561418\times\frac{1}{4761}$

现在看起来，这个小窍门还不是很有用。但是当分数变得越来越复杂的时候，你就会发现，上下颠倒的算法会使你得到解放，尤其是在解决生活中遇到的问题时。接下来，让我们回到分蛋糕的问题上……

好家伙，真是一个大喷嚏！不管它，谁想要有8颗樱桃的这块？

试试止住打喷嚏和抽搐。你们俩到底是怎么回事？不管你们啦，还是让我们继续吧……

因为我们已经拿走了蛋糕的$\frac{1}{3}$，还剩下$\frac{2}{3}$，那么剩下的这块$\frac{2}{3}$的蛋糕上还有多少颗樱桃呢？

刚开始时，我们有24颗樱桃，所以只要再乘$\frac{2}{3}$就行了，具体算式是：$24\times\frac{2}{3}$。别忘了，24还可以写成$\frac{24}{1}$，我们就可以把算式写成$\frac{24}{1}\times\frac{2}{3}$。这里又有一个小提示：

分数相乘，只需把所有分母相乘来作为分母，把所有分子相乘来作为分子！

就像这样……

$$\frac{24\times 2}{1\times 3}=\frac{48}{3}$$

当然等同于 48÷3，那么我们就可以继续计算，使其简化而得到结果——还剩下 16 颗樱桃。检查一下……

我们知道，开始时有 24 颗樱桃，拿走的那一块有 8 颗樱桃，那么24–8剩下16。啊哈！完全正确！

他这是怎么啦？先是打喷嚏，然后抽搐，现在又是抑制不住地号啕大哭！

对了，来看看另一个蛋糕，上面也有24颗樱桃。

噢！那么说，我们的第二个蛋糕上只有 21 颗樱桃啦！不过没关系，这一次切起来会更加有趣的。我们先在蛋糕上做好记号，将它划分成同样大小的7块，然后切下其中的 2 块。

这2块上究竟有多少颗樱桃呢？这很简单——每一块蛋糕是整个蛋糕的 $\frac{1}{7}$，而我们拿走2块。因此，我们就拿走了 21 颗樱桃的$\frac{2}{7}$，可以写成$\frac{21}{1}\times\frac{2}{7}$，不难得到答案是$\frac{42}{7}$。我们还可以写成$42\div7$，结果当然等于6。这就是通过形式的变化来进行“约分”，从而使计算简单化。这2块蛋糕上一共有6颗樱桃，你们谁要？

这样，我们做的第二个蛋糕上还剩15颗樱桃。接下来，我们把刚才分成7块时在奶油上留下的痕迹抹去……

……然后把剩下的蛋糕分成3块，切下其中1块。

要计算每块蛋糕上有几颗樱桃还算困难吗？就是$15\times\frac{1}{3}$，答案是5颗樱桃。谁来吃这一块？

余下的蛋糕上还剩下 10 颗樱桃。为了好玩，我们再把它分成 5 块，把其中的2块给别人。到现在，很容易就能看出：他们得到 $10\times\frac{2}{5}$ 颗樱桃，就是 4 颗。

这些就是蛋糕的分配。我们有目的地看看剩下的蛋糕，第二个蛋糕上还有 6 颗樱桃，而且……第一个蛋糕跑哪儿去了？不会是被哪个贪吃的家伙给吃了吧！

不理蛋糕，我们来看果冻

假如你正要制作果冻，已经调制好 4 升果冻汁。首先，要看每个果冻模子中可以倒多少果冻汁。

那么，现在可以算出能做出几个果冻了。大家问问自己：“从 4 升中我们可以得到几个 2 升？”也就是问 4 ÷ 2 是多少，答案是2个果冻。

要是 $\frac{2}{3}$ 升的话就比较麻烦，我们得好好分析分析……

呃！不过用不着紧张，因为与刚才唯一不同的地方，就是把 4 ÷ 2 换掉，换成 $4 \div \frac{2}{3}$。别忘记：怎样才能简单地除以分数！

只要把除数上下颠倒，然后把除号变为乘号！这样，我们得到了可制作的果冻数量$4\times\frac{3}{2}=\frac{12}{2}$，最后得到的答案就是6个果冻！

愚蠢的分数

当然，如果你想要使果冻问题的计算变得更加有趣，你可以从$4\div\frac{2}{3}$开始，把数字挪到符号上（参见第13页），就像这样：

$$\frac{4}{\frac{2}{3}}$$

这里需要特别注意的是：一定要保证数字 4 下面的横线要比数字2和数字3之间的长。否则，人们会以为你写的是：

$$\frac{\frac{4}{2}}{3}$$

意思变成了 $\frac{4}{2}\div 3$，这可就完全不一样了！（这样一来，一个得6而另一个得$\frac{2}{3}$。不信你算算！）

这样就会变得更加愚蠢。如果你想把 $\frac{23}{25}\div\frac{11}{16}$ 写成一个大分数，你就应该这样写：

……看谁能比果冻更有弹性！

太空伪装

到现在，你会发现大部分计算都不太难，尤其是当你把算式先写下来再开始计算。所有数字和符号都在纸上，你只要把它们折腾到一起，就能够得出一个答案。

不幸的是，日常生活中的计算并不都是写在纸上的。通常，考虑位置并且进行计算就是最常遇到的一种情况。应该加、减、乘还是除？要用什么数字？该怎么算？当你在思考这些问题时，有谁会去想你头顶上的天空中发生了一些什么事情……

在这个时代，很有可能会发生这样的事：某一天，所有人都接到通知，必须在自己家的外墙上画上巨大的星星，从而保证我们不会受到来自外星球的袭击。具体计划是，如果整个地球上都画满星

星，这就会与宇宙的其他部分浑然一体，那帮家伙就找不到我们了。绝妙的主意，不是吗?

现在，我们手里有2罐颜料，来看看可以用它画出多少颗星星。

我的老天! 2罐只够画五角星的4个角，换句话说就是只能画出$\frac{4}{5}$颗星星。那么，画出一颗完整的星星需要多少罐颜料呢?

继续算下去之前，我们要来运用数学中非常灵活的工具之一：你自己的常识! 2罐似乎能够完成工作，但是还差一个角。猜一猜，大概会用多少罐?

这是一次多么严格的计算! 我们知道，2罐能画出一颗星星的$\frac{4}{5}$。记住：在分数中，“的”就意味着“乘”，那么，我们就可以写出一个等式：2罐=1颗星星$\times\frac{4}{5}$。

这样已经很不错啦! 不过，我们想要的是，把这个等式进行变换，构成一边是1颗星星，而余下的都被放在另一边。如果你读过《你真的会+-×÷吗》，那么你就会知道，你可以运用将$\times\frac{4}{5}$调换的诀窍，改变符号得到$\div\frac{5}{4}$，不过，我们还是来玩一次验算。最主要的是，你必须使等式两边相等。

既然这样，等式两边同时除以$\frac{4}{5}$得到：2罐$\div\frac{4}{5}$=1颗星星$\times\frac{4}{5}\div\frac{4}{5}$。

任何数除以它本身都得到1，那么$\frac{4}{5}\div\frac{4}{5}$得1，最终就得出:

2罐 $\div \frac{4}{5} =$ 1颗星星。

嘿，除以分数就变得十分简单啦！我们只要把它上下颠倒，然后再接着乘就得到：2罐 $\times \frac{5}{4} =$ 1颗星星。

最后得出，我们每画1颗星星需要的颜料罐数是 $2 \times \frac{5}{4}$，得 $\frac{10}{4}$。计算出 $10 \div 4$，你就发现每画1颗星星需要 $2\frac{1}{2}$ 罐颜料。你猜对了吗？

这个简单！每颗星星需要 $2\frac{1}{2}$ 罐，那么7颗星星就需要 $7 \times 2\frac{1}{2}$ 罐。通过计算，你就可以随便选择画多少颗星星：

▶ 你可以各部分单独计算，因为这种计算与其他的乘法计算是一样的。首先，乘 $\frac{1}{2}$ 得 $7 \times \frac{1}{2} = \frac{7}{2}$，这就相当于 $3\frac{1}{2}$ 罐。接下来，再乘整罐数得 $7 \times 2 = 14$ 罐。最后，把两个答案相加得 $14 + 3\frac{1}{2} = 17\frac{1}{2}$ 罐。

▶ 把 $2\frac{1}{2}$ 罐转化为假分数的形式，得到 $\frac{5}{2}$。之后，计算变为 $7 \times \frac{5}{2} = \frac{35}{2}$。我们可以再把 $\frac{35}{2}$ 转化回去。

我们发现35是2的17倍还多1，所以得到 $17\frac{1}{2}$。那么，有了 $17\frac{1}{2}$ 罐颜料之后……

我保证，地球就在附近。
可咱们能看见的只有一个蓝色小球，上面还布满了小星星。
啊？！我都已经准备好享受一番啦。
咱们还是去金星上烤肉吧！

捉摸不定的难算数字

即使你能像皮靴那样不屈不挠，你也不得不承认，在这个时候借助分数来稍微休息一下，确实是件十分美妙的事，可不是吗？

这里有些东西会令你高兴的……

我向你保证：本章仅包括整数。

还有更棒的。我们将会看到，数字是怎样帮助我们对付数学中不听话的分数的。我们将从数学中最基本、最重要、最令人激动的一部分开始，这就是：有一部分数字比其他数字更容易被除尽。

就是这么短短的一句话，但是，在数学世界中，这句话却非常非常非常重要！来看看到底为什么要这么大惊小怪。

12 真是个非常美妙的数字，因为你可以将它除以 1、2、3、4、6 和 12 而不带余数，或者是讨厌的分数。一个数正好能被另一个数整除，后者就被称为前者的因数。那么，12 的因数就是1、2、3、4、6 和 12。这就是为什么总会买到以 12 为一个包装单位的鸡蛋，因为这样可以用多种巧妙的方式来分装。

另有一些数字却很难进行除法运算。让我们以 13 为例——只比 12 大 1，但是，当有人想要分解它时，你会发现它可真是个顽固分子。对 13 做除法只有下面两种计算不带余数或分数：

$$13 \div 1 = 13$$

$$13 \div 13 = 1$$

也就是说如果以 13 为一盒鸡蛋的包装单位，它只有一种分装方法，就是将 13 个鸡蛋放到一个长条盒子里去。

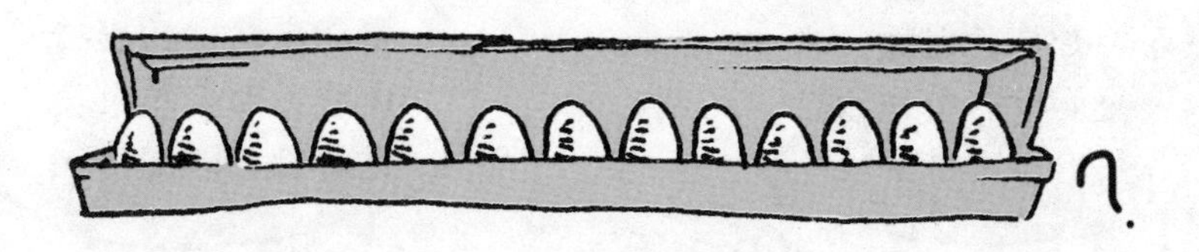

如果你的盒子又短又宽，那最后就会空出1格，或者还留在外面 1 个。

难以计算的数字数不胜数。像这样只能被它自己和 1 整除的数，我们称之为质数（或素数）。最小的质数是 2。你想想看，2 只能被 1 或 2 除尽。接下来的质数是 3、5、7、11、13、17、19、23、29、31……这个序列永无止境。

你可能已经注意到了，数字 1 没有被列入质数中。这是不是搞错了，因为 1 当然可以被自己或者 1 除尽，所以你就认为它是质数，对吗？这似乎是个很愚蠢的观点。但是，在这个世界上还有许多被称为纯数学家的人，他们极端热爱质数，他们曾对数字 1 进行了深入的学术讨论……

（在这一章里，我们最好不要把1当作质数，这样的话，只用考虑其他质数，计算起来才会更加方便。）

虽然，分解质数有时会令你感到棘手，但是它在处理除法，甚至分数时都是非常有用的。这是由于它有一个相当了不起的本事：

任何一个非质数都能够由两个或更多个质数相乘构成。

数字 15 就是一个简单的例子，它能够由数字 3 和数字 5 相乘得出，而这两个数都是质数。因为它们既是质数，又是因数，你能猜到它们叫作什么吗？对，就叫作质因数。

24 这个数字更有意思，它能够由数字 6 和数字 4 相乘构成。虽然 6 和 4 都不是质数，但是我们能把 6 分解成 3×2，把 4 分解成 2×2。也就是说，我们可以由 $3\times2\times2\times2$ 得到 24，这么一来就意味着我们把 24 分解成了许多个质因数。

当然，数字 24 也能够由数字 3 和数字 8 相乘构成。3 是个质数，而 8 不是，因为我们可以由 2×4 得到数字 8。再进一步，因为 2 是个质数，而 4 不是！然而，我们又可以由 2×2 得 4。这就是说，我们可以由 $2\times2\times2$ 得到 8，那么就可以由 $3\times2\times2\times2$ 得到 24。糟糕！我们从 3×8 开始分解出的质数，与从 6×4 开始分解得到的质数完全一样！

这就是质数的用处，因为每个数字都有属于自己的一系列质因数。这有点像是拥有自己的身份证号码一样——你只有一个号码来表明你是谁，再没有一个人会拥有跟你相同的号码。

要是你可以用一个漂亮的数字来验证一下，比如 36，你就会发现它可以由 6×6 构成，也可以由 9×4 构成（甚至可以用 3×12 得到）。从哪里开始分解它都没有关系，只要你继续往下算，最终分解成质因数时，你都会得到 $36=2\times2\times3\times3$。

下面是一些数字和它们的质因数：

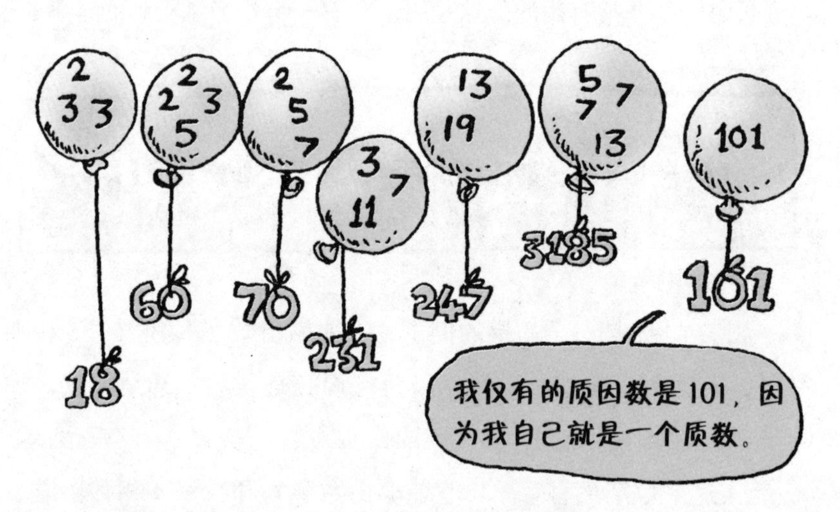

安全警告

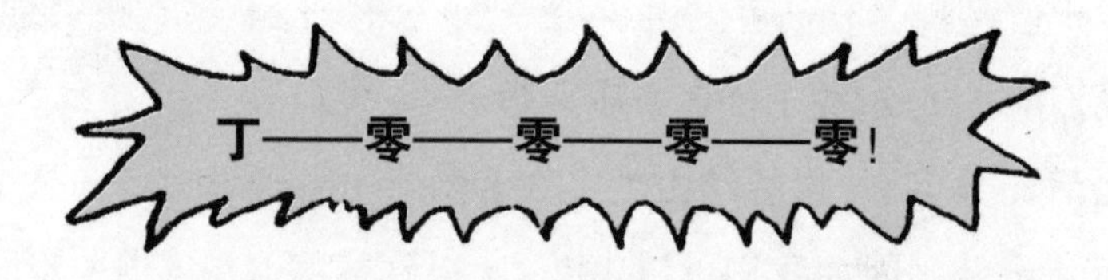

噢，吵死啦！世界贸易中心大厦里突然警铃声大作——快看，厕所的窗户被砸坏了，警卫们正在向里探查。他们发现了一串脚印。看来，这个闯入者还没有被抓住！这个时候，正需要一个懂点算术知识的特别调查员。

幸好，世贸楼里的每一个人都佩戴着有号码的身份徽章，真正的号码中，没有一个数的质因数超过3个。这样的话，你能够撕下闯入者的假面具吗？

现在，最好的方法就是把这些数字分解成它们的质因数。有这样的好主意，我们当然要拉一个醒目的大条幅，再在旁边装上闪烁的彩灯：

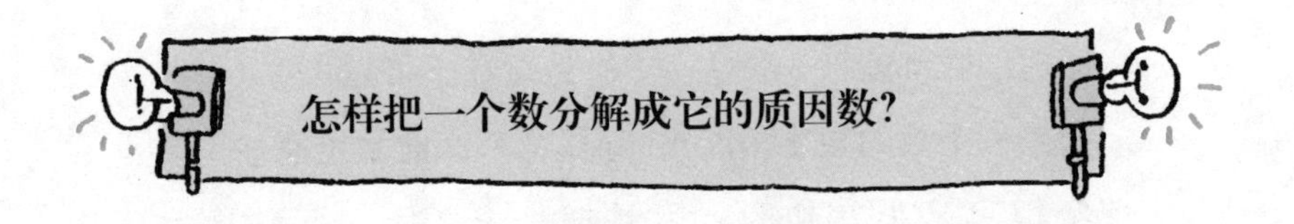

来看看我们该怎么做：先从自愿者中，抓来一个身份号码小的。

就是你啦！

近观看门人的身份号码

他的身份号码是68，我们要试着把它依次分解成质因数。从最小的一个质数开始，就是2。你要是觉得难算，可以借助计算器来算——可是别忘记你要的只是整数。如果用一个质数不能完全除尽你的数字，那么这个质数就不是它的因数。对于那些认为只有笨蛋才使用计算器的人，这里是一些有用的小提示：

▶ 任何偶数都能被2除尽。（但是奇数不可以！）

▶ 如果一个数的数字根能被3除尽，那么此数也能被3除尽。

数字根可是很有趣的，就是把一个数字中每位数字不断相加，最终得到的一位数。如果你的数是27483，加起来就是2+7+4+8+3得24，然后继续把2和4相加得到6。当你只剩下一位数时，它就是数字27483的数字根！这种情况下的数字根是6，它能被3除尽，也就是说，27483也能被3除尽！

▶ 一个数只要个位是0或5，就能被5除尽。

让我们从数字68开始，按计算顺序，我们列出了一个质因数表：

解题思路及计算步骤	基本因素
68是偶数，所以一开始就能用2除尽：68÷2=34。	2
用2除尽之后，我们看到还剩下34，那么我们继续把它分解成更多的因数。因	

为 34 也是偶数，我们得到另一个质因数 2。34÷2 = 17。	2
17 不能用 2 除尽，那么 3 又如何？找找它的数字根：1+7 = 8。不好！8 不能用 3 除尽，因此 17 也不能用3除尽。在这里，3 不是17的质因数。	
17能用5除尽吗？见过乌龟穿泳裤吗？答案是“当然没有”。因为17的个位不是0或5，所以5不是它的质因数。	
17能用7除尽吗？只有一个方法能算得出，试着除一下。不过17÷7得到2还多一点儿，那么7也不是17的质因数。	
我们可以继续用数字7后面的质数去试除，例如11，而后是13。不过要是知道接下来的质数就是17，你就可以节省点儿时间了。也就是说，17肯定就是68最后的一个质因数！	17

这样一来，我们已经证明了看门人不是罪犯，因为他的身份号码只有 3 个质因数：2、2 和 17。我们还可以通过乘法 2×2×17 来快速检验一下，确定得到的确实是68！

接下来，该轮到你去攻克其他的身份号码了，去看看究竟哪一个号码的质因数多于3个！

对每个人都试过质因数了吗

是的，一个不落！我们稍后回来，看看质因数是如何给你带来心理上的安慰，并博取你的欢心的。现在，先来学一个小窍门……

质数预测

找一个朋友，让他选出除2和3以外的任何一个质数。

他必须先不让你知道是几，然后他要做的依次是：

▶ 将这个质数乘它自己。

▶ 加上14。

▶ 除以12。

▶ 其实用不着知道他开始时选的是哪个数，你就可以告诉他能得到余数3！或者他用计算器来算，你就能告诉他答案的结尾是“.25”。

来用一个小质数验算一下，假如用7：

$7\times7=49$，然后$49+14=63$。

$63\div12$得到5还余3。

再用一个大质数来验算，比如1879。

$1879\times1879=3530641$

$3530641+14=3530655$

$3530655\div12=294221.25$

除虫记

要给你的计算器来个大扫除吗？

你以为已经打扫得非常干净啦，是吗？

啊，发霉的硅芯片下还有一些小臭虫，而且你很难摆脱它们。你可以吗？

当然不能！快来看看到底是为什么……

啊哈！你只不过是遇上了一点小麻烦，但要是你不注意的话，可是会耽误工作的。即使是最简单的计算也会变成噩梦，你必须尽快摆脱它们，否则你就会患上致命的“不理解等式”综合征。幸好，你手边还有3瓶新药能帮得上忙：

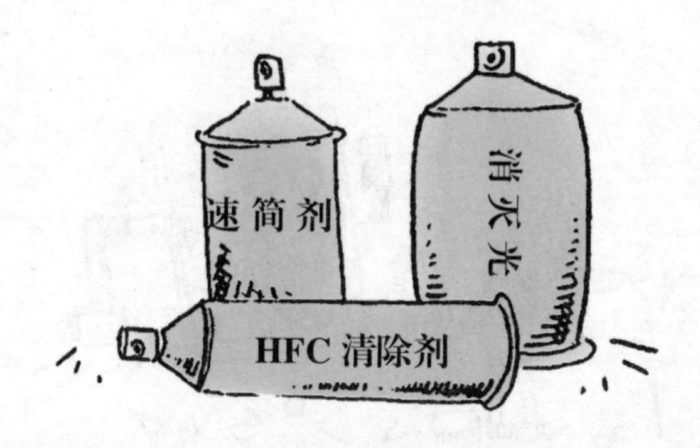

先试试“速简剂”喷雾剂，看看结果。

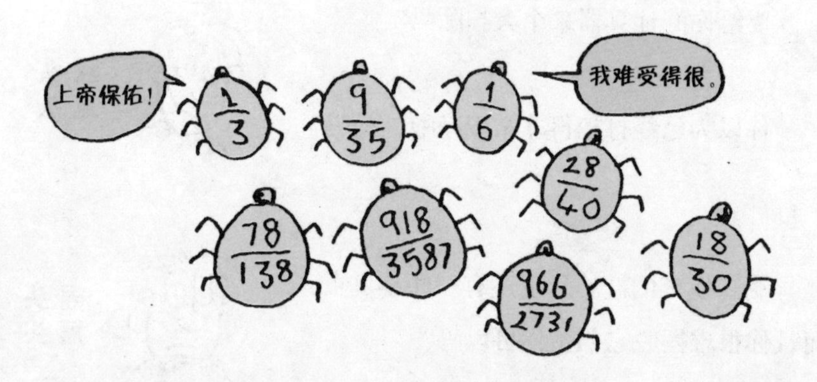

啊哈！你会发现，在这群顽固的分数中，有两个已经变成了僵硬的小尸体。那么“速简剂”是怎么起作用的呢？幸好，数学中有一条这样的定律：

把分子、分母同时除以相同的数就可以把分数化简。

（或者要是你愿意，你也可以把分子和分母同时乘相同的数。）

来看看在 $\frac{7}{21}$ 上发生了什么。“速简剂”所做的就是要把烦琐的分数都消灭掉。把分子和分母同时除以一个比它俩都小，或者和它俩中较小的那个数相等的数，这里是7。如果你愿意在纸上亲自计算，就可以写成：

上面的斜线意味着 $7\div7=1$，下面的斜线则意味着 $21\div7=3$，于是我们用一个精彩的 $\frac{1}{3}$ 作为结束动作。冷酷的数学家们用他们一贯的带点忧郁而又直接的语言描述这一切：“$\frac{7}{21}$ 化简成 $\frac{1}{3}$，是因为用7对分子和分母进行了约分。”

用了“速简剂”，你会注意到 $\frac{877}{5262}$ 也变成了 $\frac{1}{6}$。由于好运竟然出人意料地频频光顾，用了“速简剂”之后，你可以迅速地算出 $5262\div877=6$。

你还想知道其他烦琐分数的情况吗？对付更顽固的分数，你应该试试“HFC清除剂”。让我们来喷一次，看看会怎样：

“HFC清除剂”要比“速简剂”的表现更加出色，它的任务就是要找出分子分母都可以除尽的最大的一个数。事实上，“HFC”表示的是最大公约数的意思，在这里，28和40的最大公约数是4。既然你知道最大公约数是多少，用它来约分就得到：

$$\frac{\cancel{28}^{\,7}}{\cancel{40}^{\,10}}$$

（注意，最大公约数不一定就是质因数，它只是所有约数中最大的那一个。）

那你是怎么知道两个数的最大公约数是几的呢？秘密在于，你必须先认识乘法表。让我们来看看，如果不用“HFC清除剂”，应该如何处理$\frac{18}{30}$呢？

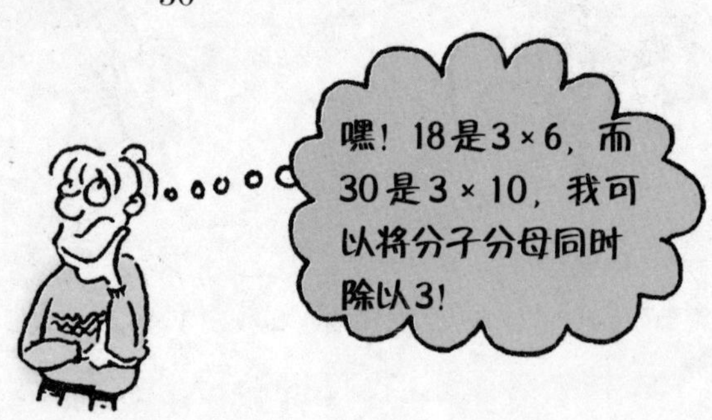

对，你可以将分子分母同时除以3。但是事实上，你可以做得更好，因为在这里最大公约数还不是3。再仔细想一想，你就会明白……

完全正确！接着往下试……

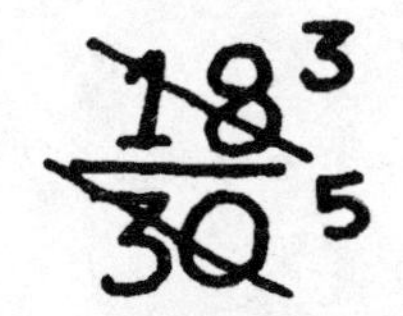

干得漂亮！但是，当我们处理像 $\frac{78}{138}$ 这样的分数时，又会遇到什么样的情况呢？你可别奢望这样的数字会出现在乘法表中！那该怎么办呢？赶紧戴上橡胶手套和防毒面具，因为我们将要向“消灭光”求助啦！对$\frac{78}{138}$展开猛攻，看一看发生了什么。

太好了，“消灭光”把你的分数都分解成了各自的质因数！（你要是进行验算的话，就会发现 2×3×13 得 78，而 2×3×23 得 138。）现在得加快速度，在小恶魔靠自己复活之前，我们要用“快速约分魔法”来攻击它。看一看这些神奇的魔力吧！

$$\frac{\cancel{2}\times\cancel{3}\times 13}{\cancel{2}\times\cancel{3}\times 23}$$

成功啦！“快速约分魔法”约去了分子和分母的公因数！首先，你发现上下都有一个 2，那么就可以约去 2（这跟上下都除以 2 是一样的）。然后发现上下都有一个 3，那么也就可以约去 3！这样就只剩下一个没有危险的小分数，很轻易就能把它解决掉。

好，让我们在其他家伙身上也试一试……

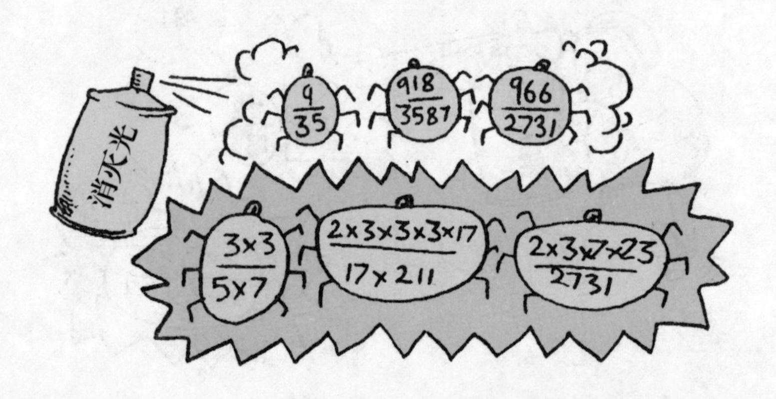

所有的数字都已经被化为各自的质因数。“啊哈！”也许你在想，“那 2731 怎么办呢？”不幸的是，还有一些数字即使是“消灭光”也消灭不了，因为它们本身就是质数。2731 是一个质数，还有 211 也不能再分解。随后，让我们用“快速约分魔法”进行一次快速攻击，摆脱掉可约分的数字，看看得到了什么：

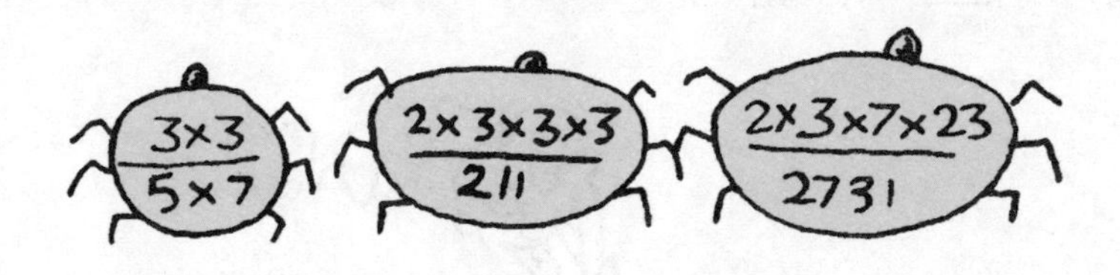

不好啦，这些分数竟然只能处理到这一步！我们只能把它们再重新相乘起来。

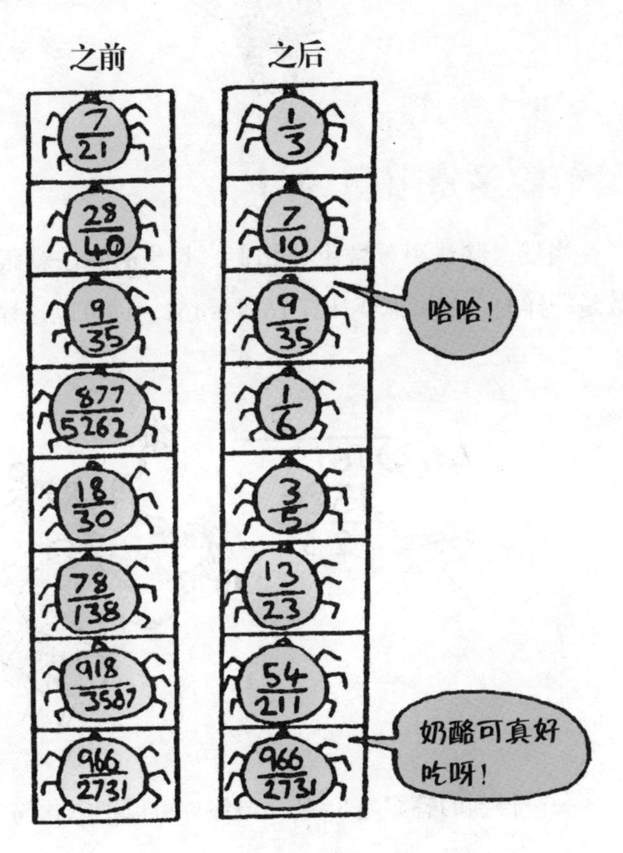

在开始时的 8 个分数中，只有两个不能被化简。虽然 $\frac{9}{35}$ 的分子分母都可以分解出很多个因数，但是，它们没有公约数。至于其他的幸存者，例如，虽然 966 分解得极棒，可惜还有一个 2731 挡在马路中间。

结果还不算太坏。那么，你现在打算用“速简剂”“HFC清除剂”，还是“消灭光”呢？

分解复杂分数有窍门

当然，除法跟分数十分相似，长长的除法就跟数字复杂的分数是一样的。如果你要计算 1617 ÷ 462，你可以这样算：

……得到的答案是 $3\frac{231}{462}$，最终你可以把它化简为 $3\frac{1}{2}$。

当然，如果能够从最初的两个数就开始化简，那就更酷了！你会发现……

棒极啦！你可以约去一个 3、一个 7 和一个 11，那么就还剩下 $\frac{7}{2}$，可以变为 $3\frac{1}{2}$。很过瘾吧？

当你变得真正熟练的时候，就不再会为这一从头化简的过程而烦恼了，你只需要简单的几步就可以把它化简了。只要用质数依次去试（从 2 开始），看看分子、分母能不能被这个质数整除。在这里，你看到的是 $\frac{1617}{462}$，可是因为 1617 是奇数，显然不能被 2 约分。

嘿，别让别人看出你不乐意！只需要继续算下去，看看你是否可以用接下来的3整除。赶快计算 1617 的数字根，你得到 1+6+1+7 = 15，然后 1+5 = 6。好极啦！因为 6 可以被 3 整除，那么 1617 也就可以。要是计算 462，你会发现，它也能被 6 整除！这就是我们上下都除以3的道理！得到：

你应该再试一次3，它说不定还可以再用一次……但在这里3不可以，5也不可以，然而，当你试到7时……

当你再一次用到7时，你会发现分子可以整除，但是分母不行。下一个质数是11，那就再试一试……

感觉真是棒极啦，可不是吗？剩下的就只有$\frac{7}{2}$，这就是我们前面得到的答案。

即使是在化简数字复杂的分数时，你也必须计算很多简单的除法。一旦你已经能用像 2 和 3 这样简单的数字去整除，那么整个计算就可以一一被攻破。花大把的力气去化简分数是非常值得一做的事情，因为像 $3\frac{1}{2}$ 这样的数显然要比 $\frac{1617}{462}$ 简单得多。

新闻快报

分数叛变啦！

千万不要啊！这里似乎有可疑的窃笑声发出，你听到了吗？这会是什么？可能太过杀气腾腾啦，什么都看不到。不论你想做什么，千万别翻过这一页……

呃！你还是翻过来了！快看……

真恐怖！真可恶！最糟糕的是这毫无意义！在实际生活中，永远不会出现这样荒谬的计算。所以，我们决不能在这种小问题上浪费大家宝贵的时间。

噜噜噜……才不理！啦啦啦啦啦……

懦夫？还从来没人敢叫我们懦夫！好，如果它们想要大战一场的话，我们坚决奉陪。首先，我们要把所有分数统一，把像 $1\frac{2}{15}$ 这样的带分数处理掉，只需把它们转变成假分数，得到：

$$\frac{17}{15} \times \frac{6}{7} \times \frac{49}{143} \div \frac{14}{9} \times \frac{22}{3} \div \frac{17}{5}$$

现在来做一个小游戏，就是把除号都扔到一边去，用乘号代替，然后把除号后面的分数的分子和分母颠倒一下。这样就可以得到：

$$\frac{17}{15} \times \frac{6}{7} \times \frac{49}{143} \times \frac{9}{14} \times \frac{22}{3} \times \frac{5}{17}$$

我们准备要重拳出击啦！可是在此之前，我们先得把所有的数字都分解因数，从而打击一下它们的战斗力。

$$\frac{17}{3\times5}\times\frac{2\times3}{7}\times\frac{7\times7}{11\times13}\times\frac{3\times3}{2\times7}\times\frac{2\times11}{3}\times\frac{5}{17}$$

对啦，这个时候就该削尖铅笔，别窝在角落里，赶快冲出来热一热身！现在，我们将要进行几个重要的约分。分子上的任一数字，只要能在分母上找到与它相同的数字，无论它在哪个位置，都可以把它俩一起剔除掉！我们将从第一条分数线开始，大家要保持好风度哦。哟嘿，咱们出发喽……

砰！ 分子上第一个数是17。分母上有17吗？有，那么我们就可以把它俩一起划掉，然后扔到九霄云外去。

嗞！ 分子上的第二个数是2，而分母上也有一个2。跟它俩说再见吧！

咣！ 下一个数是3。可是分母上不止一个3，和它一起被拿走的，就只能是其中的一个。

咯吱！ 接下来，我们在分子和分母上都各找到一个7，所以它俩都将成为历史。

哇呜…… 分子上又有一个7，分母上也又有一个7，那么我们就把它俩都埋葬掉。

嘭！ 我们又碰上一个3，而分母上仍然还有一个3。再见吧，孩子！

接着来看另一个 3，分母上再没有 3 可以和它约分了。真不幸，这个 3 只能留下来。后面的 2 也一样，因为分母上也是一个 2 都没有了。

从分子分母上除去了 11，还有 5。这可是个超级精彩的结束动作。

已经到了最后一条线，先稍微停一停，来欣赏欣赏我们的杰作。

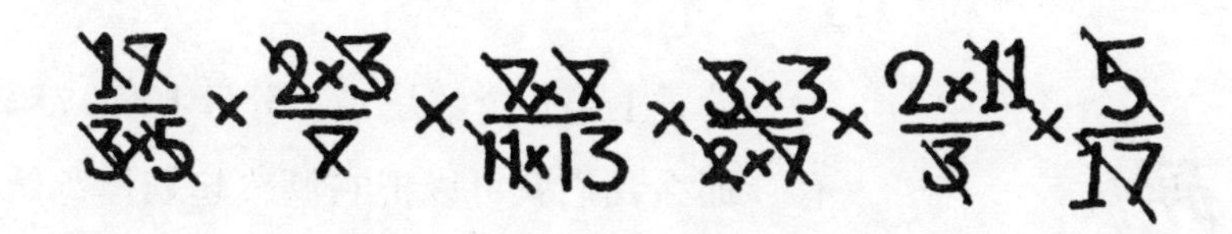

可以看到，在我们的凶猛攻势下，就只有分子上可怜的 3×2 和分母上孤独的 13 死里逃生。战场打扫干净以后，就只得到 $\frac{6}{13}$。我们大获全胜!

要是对数字确实很熟悉，你可以不进行烦人的因数分解，而是像这样计算。假设你从这里开始：

$$1\frac{2}{7}\times 2\frac{2}{3}\div 3\frac{3}{7}$$

把它变成假分数，将作为除数的分数上下颠倒，这时得到……

$$\frac{9}{7}\times\frac{8}{3}\times\frac{7}{24}$$

你能够心算得出上面这个算式的结果吗?

显然，7 可以被约分掉。

$$\frac{9}{\cancel{7}_1} \times \frac{8}{3} \times \frac{\cancel{7}^1}{24}$$

如果你还记得乘法表，你就能看出分母上的 24 是分子上的 8 的 3 倍，那么你就可以把这个计算想象成这样……

$$\frac{9}{1} \times \frac{\cancel{8}^1}{3} \times \frac{1}{\cancel{24}_3}$$

然后，你看到分母上有两个 3。如果它们俩相乘，你就能得到 3×3=9，而后可以把分子上的 9 消掉。

$$\frac{\cancel{9}_1}{1} \times \frac{1}{\cancel{3}_1} \times \frac{1}{\cancel{3}_1}$$

答案正好等于 1。这难道不令人满意吗？！

兄弟情和最小公倍数

场景：卢齐餐馆

地点：伊利诺伊州，芝加哥

日期：1926年12月30日

时间：晚上9：45

“都拿上了吗，卢齐？”一个声音从角落那边阴暗的小房间里传出来。

“呃……我想是的，博塞里先生！”卢齐一边紧张地回答，一边在柜子旁边的卡片上写了几个字。

房间里没有外人，只有卢齐、服务员本尼和3个没有表情的男人。这3个家伙总是坐在远离光照的地方，还笼罩在一团浓浓的烟雾中。他们中的头儿又开口说话了。

“再给大家重复一遍。”布雷德说。

“你想要开一个新年晚会，”卢齐说，“将会有博塞里家的12个成员来参加。”

“是，他们都会来，”一根手指的吉米说，“这是一个属于美好愿望和兄弟情谊的季节。另外，他们还知道，拒绝这一家族的邀请是不会有好下场的。”

“但是，你说你还邀请了加百利家的兄弟们？”卢齐问。

“我们不得不请，”布雷德说，“如果他们被遗漏了，他们肯定会不高兴的。”

“可你和那帮家伙是死对头呀！”本尼一面小声反对着，一面从桌子上拿起一盘堆得像小山一样高的食物。

“我们都是参与竞争的生意人。”布雷德说。

“没错！”波基说，同时抢过两块鸡肉和一块牛排，试着往面包卷里塞，“竞争是残酷的，这对我们来说关系重大。”

“你要再来点面包卷吗？”本尼问。

“不，医生叫我尽量少吃，”波基解释说，“午饭时，我只吃一点点三明治就足够了。”

“布雷德，求求你啦！”卢齐恳求道，“无论什么时候博塞里家和加百利家在这里相遇，我必然会遭殃好几个月的。”

“一边儿歇着去，卢齐！”布雷德说，“照吉米的说法，这是一个属于美好愿望的季节，除了我们一起干过的那次装修！”

“装修？”卢齐倒吸了一口凉气。

“抢银行！”布雷德猛然说，“银行银行银行。你听错了。不是装修，是抢银行！”

“关键是……”一根手指的吉米打断说，“如果邀请他们，他们将会衣冠楚楚地走进大门。如果不请的话，他们则会开着推土机碾进大门。”

“那么你来看，卢齐，邀请他们正是在为你着想。”一根手指的吉米说，“另外，我甚至不敢保证他们肯定会来。”

“让我们再来核对一遍食谱。”布雷德说。

“好，我知道，”卢齐说，“你想要贝利斯摩腊肠。”

“可是，必须绝对平均地分给每一个人，”布雷德说，“在我们12个人之间平分。”

“对，”吉米表示赞成，“要是谁认为自己得到的食物太小，他们准会为此大发雷霆的。”

“可是老板，”本尼说，“你并不知道会来12个人还是16个人！要是被加百利家人知道了呢？”

“对，他们肯定也会要求公平地分配！”布雷德说，“所以，无论你做多少根腊肠，都必须能公平地分成12或16份。”

“噢，我的天！”卢齐嘀咕说。

“我记得你说过，还有甜玉米，”波基说，“噢，对，我们需要很多玉米棒子，这个也必须能够平分！”

“在12或16之间？”本尼问。

“不！”吉米说，“我刚想起一些事，要是笑面虎加百利来的话，他可不吃甜玉米，这是因为他的玉米脸，你看。”

“就像一根手指的吉米不能演奏小提琴一样。”本尼的话音刚落，他的脑袋差点撞到墙上。吉米的一根手指正指向他的鼻子，这几乎让他喘不过气来。

“我为什么不能演奏小提琴？”吉米问道，眼球都快要碰到本尼的眼球，“你是要回答我的问题，还是要我把你的眼球挖出来？”

“因，因为……”本尼呜咽着说，“因为没人告诉过你应该吹哪一头。”

一秒钟之后，吉米松开了手。

“说得对，”吉米在本尼头发上擦了擦手指头，“可惜当年我没有去上音乐课，而是在专心干坏事。”

“我能了解这种感觉，”布雷德说，“虽然我对敲诈勒索还算得上有一手，但是有时候我会有这样的念头：如果我是研究古代拜占庭陶器的教授，我说不定会生活得更加开心。”

卢齐此时并没有心思去听大家的话，而是正在思考着另一些事情。

- 他需要做多少根腊肠，才能够被12和16整除。
- 他需要多少个玉米棒子，才能够被12和15整除。

先来对付腊肠。有个非常简单的答案，如果你用12乘16，你知道这个答案肯定能被12和16整除。来检验一下：

$$12 \times 16 = 192$$

这样算来，如果来12个客人，他们每人可以得到16根腊肠。而如果来16个客人，他们每人就得到12根腊肠。但是，有一个小小的问题……

让我们来帮帮卢齐，帮他找出能被12和16整除的最小的数字。可以被其他数都整除的最小的数字有一个特殊的名称，人们叫它最小公倍数。

在这个问题中，我们正是要找出12和16的最小公倍数，而且在寻找的过程中将会再一次用到质因数。在这里，对我们寻找最小公倍数时最有用的是，12的质因数是2×2×3，而16的质因数是2×2×2×2。

我们要做的是“凑”出一个最小公倍数。先写下第一个数字的质因数，在这里12被写成了2×2×3。然后问问你自己：“在16的质因数中，还有哪些是数字12的质因数中没有的？”我们知道16的质因数是2×2×2×2，可我们在12的质因数里已经写出了两个“2”，而16是由4个2相乘得到的，我们只需要把多出的两个2添加到2×2×3的最后，就得到2×2×3×2×2。没错，就是它！

为了使它看起来更加美观，让我们把这些数字按大小顺序重新排列，就成了2×2×2×2×3。在把它们相乘的结果算出之前，我们先验算一下。首先，我们要保证这个最小公倍数一定含有可

以构成 12 的因数（对，这里有：$\underline{2\times2}\times2\times2\underline{\times3}$），然后检查它是否一定含有能够形成16的因数（没问题：$\underline{2\times2\times2\times2}\times3$）。

准备迎接最令人兴奋的环节吧！当你乘出$2\times2\times2\times2\times3$，你会发现12和16的最小公倍数竟然是48。

这些质因数能告诉你更多信息。48 是 12 的多少倍？你要做的就是在最小公倍数中，把 12 的质因数都划掉，那么我们就划掉了两个 2 和一个 3：$2\times2\cancel{\times2\times2\times3}$，还剩 2×2 可得 4。要是验算的话，你会发现$12\times4=48$。

48 是 16 的多少倍？再来一次，在最小公倍数中把 16 的质因数都划掉，得到$\cancel{2\times2\times2\times2}\times3$，就只剩下 3。你发现 $16\times3=48$。该是把这个好消息告诉卢齐的时候了。

- 你只用做48根腊肠。
- 如果来12个人，他们每人将得到4根。
- 如果来16个人，他们每人将得到3根。

“我只用做48根腊肠？”卢齐微笑着说，“没弄错吧？”

“我们都希望没有错，为你着想。”一根手指的吉米坏笑着说，“相信我，我知道这为什么听起来像是弄错了，因为我曾经错过。”

“是吗？”布雷德问，“什么时候？”

“那是两年前，”一根手指的吉米说，“或者更早，不过那是个星期三，确实是。咦，星期三或者星期四，不过我是在天使餐厅下面，还是在餐务中心呢？不管它，我想我看见大明星蓝牙佛乃提正在吃油炸圈饼，但是我弄错了。”

“等一下！”布雷德说，“我记得，的确是蓝牙佛乃提。”

“对，”波基说，“我也记得。那上面还抹了果酱，中间有椰蓉。确实是个油炸圈饼。”

“噢！在那样的情况下，我从没犯过错误。”吉米说。

“那一次是例外，当你说你曾经犯过一次错时，”波基说，“那你就是犯错了。”

“哈哈！”吉米说，“那个时候我曾错过一次。那么，也就是说我总是正确的。是吗，老板？”

但是布雷德的头突然疼了起来，所以他决定换个话题。

“你打算煮多少个玉米棒子，卢齐？”他用那种听上去精力很充沛的声音提了一个问题，希望能使自己感觉好一些。

“我正在算。”卢齐说。

这一次，我们是在找 12 和 15 的最小公倍数。它们的质因数分别是 $2\times2\times3$ 和 3×5。接下来，让我们再来凑出一个最小公倍数吧。

先把 12 的质因数都写下来，那么得到 $2\times2\times3$。然后我们知道 15 的质因数是 3 和 5，而 3 已经被写下来了，我们就只需把 5

添上就行了，那就是2×2×3×5。很简单！剩下来要做的就是把2× 2×3×5乘起来，得出12和15的最小公倍数是60。

我们可以来验算一下这个最小公倍数，肯定它的质因数中包含有能够形成12的数（确实有：2×2×3×5），然后检查它是否也有能够形成15的数（没问题：2×2×3×5）。

卢齐放下笔，得意地看了看大家。

“玉米棒子——60个！”他宣布说。

“每个人？”波基充满希望地问。

“不！”布雷德说，“当然是要大家平分！”

“那么我们再来点烤碎肉卷子吗？”波基问。

“好主意！”吉米说，“但是千万别忘了，我表妹露卡莉缇娅有的时候不吃这东西。这可得看她到时候穿什么样的衣服来决定。”

“是真的。”布雷德说，“这就是说，烤碎肉卷子的数目必须能在我们12个人中平分；或者要是露卡莉缇娅挑剔的话，就是11个人；或者要是加百利家的人来，而露卡莉缇娅又不挑剔，就是16个人；再或者他们来，而露卡莉缇娅挑剔的话就是15个人。”

“没问题！”卢齐一边说，一边开始计算最小公倍数。

这一次，我们要一次找出总共4个数字的最小公倍数，因为这次需要一个能同时被11、12、15和16整除的数字。我们将同从前凑最小公倍数时一样，从找出11的质因数开始（相当有趣的是，实际上11就是一个质数，所以它只有一个质因数就是11）。写下11。

现在把12拿过来，看看它的哪个质因数我们还没有写下来。当然，12的质因数是2×2×3，而我们只写过一个11，因此得把它们统统写下来，得到11和12的最小公倍数是11×2×2×3。不过可以把这些数字按大小顺序整理一下：2×2×3×11。

现在来看 15，它的质因数是 3×5。我们已经写下过一个 3，不过还得添上一个 5。这样就得出 11、12 和 15 的最小公倍数 2×2×3×5×11。

最后看看 16，它的质因数是 2×2×2×2。我们已经写下过两个“2”，但是我们还需要再多来两个。最后，就得到 11、12、15 和 16 的最小公倍数 2×2×2×2×3×5×11。

在把这一堆因数相乘时，卢齐的汗都下来了。

“噢，我真伟大！”他擦一擦额头说，“我计算得到 2640 个烤碎肉卷子。”

“每个人？”波基又问。不过这一次，他意识到这使自己听起来像是个贪吃鬼。

“无论如何，”布雷德站起来说，“来吧，孩子们，我们开始干活。”

当这 3 个人走过柜台时，一根手指的吉米转过身来。

“别忘了，卢齐，”他吼着说道，“食物一定要买好，尤其是要能平均分配。要不然，这里将会被夷为平地的。”

“那你还等什么？”波基说，“还不快打个电话去把这些都预订下来。”

门在他们身后关上，卢齐拿起电话。

“我们怎么样才能把那么多烤碎肉卷子都做出来？”本尼问。

“快！”卢齐说，“把窗户都关上，快把这里收拾好。”

“是，老板。”本尼说，“可这有什么用？”

“我正在考虑怎么用另一个数来整除 11、12、15 和 16。”

“你说什么？”本尼问，一边快速地擦着柜台。

“就是0！”卢齐咧着嘴笑道，“如果我做0个，那么每个人得到的都一样，就不用担心谁会不高兴啦！腊肠也一样，0根。还有玉米棒子，也是一个大零蛋。只要我愿意，任何东西都可以只给他们0个。”

“但是为什么还要打电话呢，老板？”本尼说，“您用不着为了0个原料而去预订！”

“开玩笑！”路易金说，“我当然要预订！我要订两张机票。等他们明天到这里时，本尼你和我，就已经在夏威夷逍遥自在地过新年啦！”

虚拟腊肠和可恶的分母

当你发现了普通数字的奇妙之处后，你就会思考该如何进行加减，然后进行乘除，最后你就可以开一家国际性的大银行，住在有直升机和游泳池的豪宅里，还可以每天晚上通宵看电视，想看到几点就看到几点。

然而，分数可不是美妙的普通数字。你将会发现，我们已经能够对它们进行乘法和除法计算，但是还未具体涉及加法和减法。这是因为，分数加减法是一件既古怪又麻烦的事，所以在接触它之前，我们得先找一些自愿参加者。

等你们吵完了，就来帮我们认识一下自己到底对分数了解了

多少……

当几个分数相乘时，我们只需要把分子相乘得到的结果放到上面，然后把分母相乘得到的结果放到底下。

$$\frac{4}{5}\times\frac{2}{3}=\frac{4\times2}{5\times3}=\frac{8}{15}$$

分数相除时，我们只需要先把除数的分子分母颠倒……

噢对，颠倒过来，然后再把它们相乘就行了。

我们就把算式这样摆放着吗？不，不能这样做，我们得把它整理好。

$$\frac{4}{5}\div\frac{2}{3}=\frac{4\times3}{5\times2}=\frac{12}{10}=\frac{6}{5}=1\frac{1}{5}$$

你会发现，我们开始有点得意了。当我们把分子分母相乘，得到答案 $\frac{12}{10}$，接着用 2 对分子和分母进行约分，最后得到 $\frac{6}{5}$。

为了让它看上去更加漂亮，我们得把这个假分数变换成好看的带分数 $1\frac{1}{5}$。

对，处理分数是件直截了当的活儿，除非你遇上……

虚拟腊肠

等一等！让我们先用数学方法算一算。我们要做的加法就是 $\frac{1}{2}+\frac{1}{2}$，试试把分子分母各自相加，看得到了什么：

$$\frac{1+1}{2+2}=\frac{2}{4}$$

我们得到$\frac{2}{4}$。可只需用一瞬间，你用2将分子分母一约分，就得到$\frac{1}{2}$！

那么，到底是哪里出了问题呢？现在，不得不使用我们的秘密武器：常识。如果用一半加上又一半，显然可以得到两半。换句话说，我们的算式看起来应该像这样：

$$\frac{1}{2}+\frac{1}{2}=\frac{1+1}{2}=\frac{2}{2}=1$$

因此，当两个分数相加时，只需要把分子相加，但这样算之前首先要保证它们的分母相同！当然，这很容易——倘若开始时分母就相同的话！

这是一些同分母分数的计算：

$$\frac{2}{9}+\frac{5}{9}=\frac{7}{9} \qquad \frac{10}{11}-\frac{4}{11}=\frac{6}{11}$$

$1-\frac{3}{7}$怎么样？虽然1不是分数，但是很容易就能把它变成随便哪个分母的分数。

在这里可以把它想象成$\frac{7}{7}$，于是算式就被写成这样：$\frac{7}{7}-\frac{3}{7}$，得到$\frac{4}{7}$。

如你所见，分数的加减很简单——除非你碰上……

可恶的分母

回来看看我们的两个自愿参加者，试着把它们加起来。

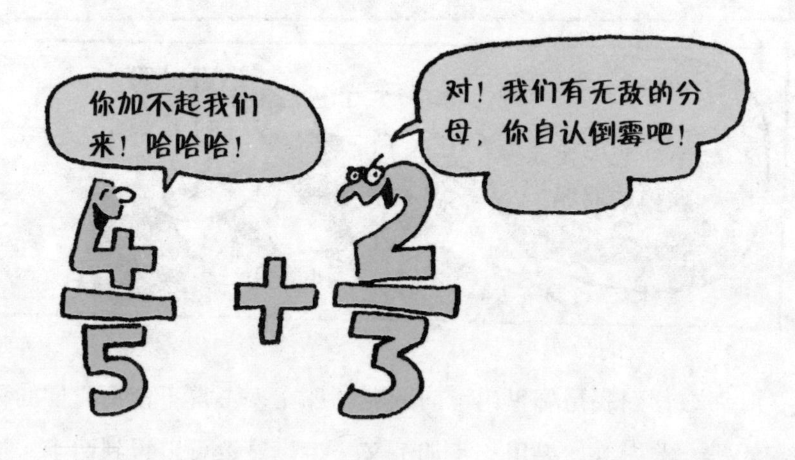

该死！不过，我们是不可能被两个普通的小分数打倒的，我们必须给它们换个合适的分母，而且这个其实非常容易。记住，你总是可以用一个数同时去乘一个分数的分子和分母。把几个分母不同的分数化成分母相同的分数叫作通分。我们要做的，就是把每个分数的分子分母都乘另一个分数的分母！得到：

$$\frac{4}{5}=\frac{4\times3}{5\times3}=\frac{12}{15}\text{ 和 }\frac{2}{3}=\frac{2\times5}{3\times5}=\frac{10}{15}$$

你看，我们的两个分数还是与开始时大小一样，因为$\frac{10}{15}$可以约分得$\frac{2}{3}$。但是，由于它们的分母都已经被通分为15，我们就可以把新的分子相加：10+12 = 22。然后，把它放到15的上面就得到$\frac{22}{15}$，再化简成$1\frac{7}{15}$。这里写出了整个计算过程：

$$\frac{4}{5}+\frac{2}{3}=\frac{12}{15}+\frac{10}{15}=\frac{22}{15}=1\frac{7}{15}$$

两个看起来很简单的分数（像$\frac{4}{5}$和$\frac{2}{3}$），加到一起居然变成了一个看起来十分古怪的答案，而这恰恰就是数学的可怕之处。从没人告诉过你它很好玩。

怎样得到较小的分母

有的时候，当你做分数的加法时，你最后会得到一个又臭又长的大数字分母。它可能造成交通拥挤，甚至可能从太空中所拍的照片上被看到。少数情况下，你是难以摆脱它的，但是你通常可以把它变小。

假设我们要计算$\frac{7}{9}+\frac{2}{15}$。如果每个分数的分子和分母都同时乘另一个分数的分母就得$\frac{105}{135}+\frac{18}{135}$，这看起来也太恐怖啦！要是能用一个比135小的分母来算，是不是就会好得多？幸好有一个，就是45。

因为45是能被这两个分母都整除的最小的数。我们以前曾在哪里见过？我们曾在哪里计算过能被另外两个数都整除的最小的数？

是在卢齐的小餐馆里，的确是！找出最小分母的技巧就是找出最小公倍数，45就是9和15的最小公倍数。

现在我们知道，最好的新分母就是45，我们还必须知道分子上是多少。主要问题是：要用几来乘原来的分母才能得到新的分母呢？

$$\frac{7}{9}=\frac{7\times?}{9\times?}=\frac{\text{新分子}}{45}$$

那么，用几来乘9才能得到45？如果你还记得乘法表，答案就是显而易见的。如果不记得，只要用45÷9。殊途同归，马上就可以看出来，我们的神秘数字是5。

然后，就把$\frac{7}{9}$的分子分母都乘5，得到：

$$\frac{7\times5}{9\times5}=\frac{35}{45}$$

现在，用同样的方法处理$\frac{2}{15}$。关于分母，要用几乘15才能得到45？而45÷15=3，所以再将分子分母同乘3。

$$\frac{2}{15}=\frac{2\times3}{15\times3}=\frac{6}{45}$$

要完成计算，必须$\frac{35}{45}+\frac{6}{45}$，得到答案$\frac{41}{45}$。

缩小分母的简便方法

要把一些分数相加，就必须先求出它们的分母的最小公倍数，这一切听起来有点令人沮丧。但是经过练习，你会发现自己常常可以不假思索就算出结果来。来看这里……

假设你有一头重 $\frac{1}{8}$ 千克的公牛和一头重 $\frac{1}{16}$ 千克的猪。如果你想把它们放到随身包里带上飞机，你就必须知道它们一共有多重，也就是必须算出 $\frac{1}{8}+\frac{1}{16}$。

记住，你必须使它俩有相同的分母，而此处正有一条十分不错的捷径！现在，你就把 $\frac{1}{8}$ 的分子分母同时乘2得：

$$\frac{1\times2}{8\times2}=\frac{2}{16}$$

完成！那你就可以把得到的 $\frac{2}{16}$ 加上 $\frac{1}{16}$，得到答案 $\frac{3}{16}$。

照这么算，16 就是 8 和 16 的最小公倍数。可是，当你把你的公牛和猪都带上飞机时，这个最小公倍数可就不会是像你想的那样啦。

另一个可以走捷径的例子，可要稍微艰难一点了：$\frac{3}{10}+\frac{4}{15}$。

在这里，我们可以把 $\frac{3}{10}$ 的分子分母同时乘 3，得到 $\frac{9}{30}$，然后把 $\frac{4}{15}$ 的分子分母同时乘 2，得到 $\frac{8}{30}$。

成功！我们把两个分数的分母都已通分成 30，这样就可以把它们加起来得到 $\frac{17}{30}$。我们再一次算出 10 和 15 的最小公倍数是 30，而这一次是我们未费吹灰之力就完成的。如果这样做你并不能肯定，也可以用烦琐的方法来计算，将分子分母同时乘另一个数的分母，而后得到一个非常长的新分母 150。

$$\frac{3\times15}{10\times15}=\frac{45}{150}\ \text{然后}\ \frac{4\times10}{15\times10}=\frac{40}{150}$$

把它们相加得到 $\frac{85}{150}$，之后再用 5 来约分，你就可以得到 $\frac{17}{30}$。

现在，你可以告诉那些总是扬扬得意的闲逛者，你已经掌握了找到小分母的简便方法。而我们则要休息一下，享受一下浪漫温馨的生活，咱们不如去比萨餐厅暗中侦察一下可爱的维罗尼卡。

如你所见，即使她十分可爱，她也算不上是天上最亮的那颗星星。她竟然不知道，无论比萨饼被切成6块还是8块，不一样的只是每一块的大小。然而，庞戈进来点了一个切成8块的比萨饼。他引起了维罗尼卡的注意，他那与众不同的气质令她神魂颠倒。

维罗尼卡当然无法拒绝这么诱人的提议，可是这里有一个非常有趣的问题：最后谁吃到的比萨饼比较多？

- 可爱的维罗尼卡？
- 还是庞戈？
- 或者他们吃的都一样多？

在精确地计算到奶酪碎屑的答案前，你千万别想要什么花招。思考一下，比萨饼的 $\frac{1}{6}$ 要比它的 $\frac{1}{8}$ 大，不是吗？如果维罗尼卡愚蠢到放弃比萨饼的 $\frac{1}{6}$ ，而换回它的 $\frac{1}{8}$ ，那么她在这笔交易里就输了，最终吃到的较少，是吗？而你不用计算就早早得出了答案！不过，如果你想知道其中的奥妙，那么就来看看究竟是怎么计算的……

我们想要知道的是，每人吃到了多少比萨饼。维罗尼卡的比萨饼切成6块，但是她给了庞戈1块，那么她只吃到了自己比萨饼的 $\frac{5}{6}$ 。不过，幸好她换回了庞戈的1块。麻烦的就是，庞戈的比萨饼切成8块，所以给她的只是他的 $\frac{1}{8}$。虽然一样都是吃了6块比萨饼，但是事实上她吃到……

▶ $\frac{6}{6}$ 个比萨饼，或者……

▶ $\frac{6}{8}$ 个比萨饼？

当然，你现在已经知道这两个答案都不对！你不能把 $\frac{1}{8}$ 直接与 $\frac{5}{6}$ 相加，因为它们的分母不同。列出算式 $\frac{1}{8}+\frac{5}{6}$ 之后，你可以看出简便的计算方法吗？

要是我们用8乘6得48，那么你可以将48作为分母来进行计算。但是，如果你还记得乘法表，你就会知道还有更小的分母可以使用：24可以同时被6和8整除，这就是它们的最小公倍数。我们继续算就得到：

▶ 要将 $\frac{1}{8}$ 通分为以24为分母，必须用8乘3得24，分子1也乘3。

$$\frac{1\times3}{8\times3}=\frac{3}{24}$$

▶ 要将 $\frac{5}{6}$ 通分为以24为分母，必须用6乘4得24，分子5也乘4。

$$\frac{5\times4}{6\times4}=\frac{20}{24}$$

▶ 最后，将两个分数相加：

$$\frac{3}{24}+\frac{20}{24}=\frac{23}{24}$$

这表明，维罗尼卡吃到了 $\frac{23}{24}$ 个比萨饼，这就比整个比萨饼小一点点。

现在给庞戈算算。他吃到自己比萨饼的 $\frac{7}{8}$，再加上维罗尼卡的6块之一，所以庞戈得到 $\frac{7}{8}+\frac{1}{6}$。我们就可以计算出……但是我们用不着烦恼！

还有另一个更好的简便方法！我们知道，开始时有整整 2 个比萨饼，而维罗尼卡得到 $\frac{23}{24}$ 个比萨饼，那么庞戈得到的就是剩下的。

庞戈得到 $2-\frac{23}{24}$ 个比萨饼！

为了方便计算，我们可以把其中的一个比萨饼分成 24 份，2 个比萨饼就是 $1\frac{24}{24}$。现在，很容易就可以把维罗尼卡得到的部分减去，看到庞戈得到：

$$1\frac{24}{24}-\frac{23}{24}=1\frac{1}{24}$$

显然，庞戈得到一整个比萨饼还要多一点。

就像以前的许多浪漫故事一样，庞戈和迷人的维罗尼卡的浪漫爱情就这样吹啦！全都是因为这些可恶的分数！

埃及的分数

古埃及人有一个处理分数的特殊方式，他们只承认分子为1的“单分数”。当然，对于他们来说，描述$\frac{1}{4}$或者$\frac{1}{26}$这样的分数是毫无问题的。可要是描述$\frac{2}{7}$怎么办？他们可以把它叫作$\frac{1}{7}+\frac{1}{7}$，但是他们不准自己用同一个分数两次，所以他们会改用$\frac{1}{4}+\frac{1}{28}$。你要是想计算出来：

$$\frac{1\times7}{4\times7}+\frac{1}{28}=\frac{7}{28}+\frac{1}{28}=\frac{8}{28}$$

然后再以4约分就得到$\frac{2}{7}$。咻！

这项工作似乎很困难，可古埃及人的计算方法对于我们来说更困难。单分数还是更适合他们使用。即使是在今天，仍然有一些很棘手的数学和工程学问题，用古埃及人的分数解决起来更简单。

埃及人曾经使用过唯一一个分子不为“1”的分数，它可真是派上大用场啦！在我们找到的一个千年古卷上这样写道：如果你把7块面包分给10个人，每个人能得到每块面包的$\frac{2}{3}+\frac{1}{30}$。这样对你来说公平吗？

另外，你也许已经猜到，上百万智慧超凡的纯粹数学家们极其热衷于用埃及分数来进行计算。假如你幸运地遇到纯粹数学家，问问他们该怎样对付$\frac{3}{179}$（这个奇异的分数肯定会使他们的电脑崩溃，还会令他们头痛不止）！

最后的冲击波

噢，不！原来你驾着新太空摩托绕着银河系兜风去啦，这才刚刚尽兴而归。还记得在经过天狼星时，你不小心被灼烧到，竟然尖叫着穿过马头状星云，大声高叫着绕过昴宿星。但是，正当你准备返航地球时，发现燃料表竟在闪烁。都是因为你太过放纵自己，燃料耗尽了，所以你只剩下了一条出路：在你遇到的第一个固体星球上紧急迫降。

走下“嗞嗞”响着的摩托车，你一回头，看到自己在紫色土壤上划出了7千米长的着陆痕迹。这要是在其他时候，你一定会为此而得意的。但是，此刻你最关心的是如何找到最近的加油站。快看，不远处有若隐若现的灯光在不停闪动。你急匆匆地朝那儿走去，都没有留意路边那喋喋不休的石蘑菇。原来，这是一间摇摇欲坠的木棚。一种奇怪的预感突然袭上心头，随后你便看到门上有个木牌，上面写着“芬迪施燃料”。

不！不可能。可是当然没有。门摇摇晃晃地打开了，你的宿敌站在了你的面前，竟然是芬迪施教授本人。

“啊哈！”他愉快地搓着手，轻松地说，“欢迎你的光临！我知道你想要的是什么。”

“你实在是太聪明啦！”你的声音里充满了极度的挖苦，而且你并不打算口下留情。

“别搞错啦，我摩托车的油缸空了，在找最近的加油站。你以为发生了什么，伟大的教授？”

“你需要燃油。”他幸灾乐祸地回答。

“这让我感到庆幸，”你说，“那么，能给我一些吗？求你啦，我现在没工夫跟你开玩笑。”

“噢，天啊！”教授窃笑道，“刚才是谁还那么不可一世？好吧，为了很久很久以前的那一点小小恩惠，我决定告诉你。来看这里。”

他打开一扇大大的门，里面堆满了燃料桶。

“拿吧。”他说，“你可以随便拿，但是只能拿一桶，绝不能多拿！”

“那你想得到什么报酬？”你将信将疑地说。

“好吧，”教授说，“既然你说得那么诚恳。虽然这些油桶大小都一样，但是，没有一桶是满的。实际上，它们装的油量都不同，这些都用分数写在了桶表面。给你的问题就是，只有装得最多的那桶足够你回到家。如果你拿错了，你就永远回不了家，而将绝望地消失在宇宙中。”

那么，你拿哪一桶才能回到家呢？

最好的办法就是一次对比两桶，排除装得少的那一桶。除一桶以外，其他所有的油桶都将逐步被排除掉。剩下的这一桶就装有最多的燃油。

首先，最容易比较出的两桶是 $\frac{9}{13}$ 桶和 $\frac{10}{13}$ 桶。显然 $\frac{10}{13}$ 桶装得更多。就是说你要的绝对不会是 $\frac{9}{13}$ 桶，它被排除了。当然，这两桶之所以好比较，是因为它们的分母都是13。但是，怎样比较不同分母的分数呢？

我们可以靠常识来比较出其中的一部分。试试 $\frac{2}{3}$ 和 $\frac{3}{4}$ ——哪个装得更多？想想看，$\frac{2}{3}$ 桶缺少 $\frac{1}{3}$，$\frac{3}{4}$ 桶缺少 $\frac{1}{4}$。$\frac{1}{4}$ 比 $\frac{1}{3}$ 小，那么 $\frac{3}{4}$ 桶缺少的部分少——也就是说它装得更多！所以把 $\frac{2}{3}$ 桶排除掉。

比较油桶的另一种方法，就是把各自的分数通分。如果用这种方法来比较 $\frac{3}{4}$ 桶和 $\frac{2}{3}$ 桶，就要把它们分子分母各自同时乘对方的分母。$\frac{3}{4}$ 就变成 $\frac{9}{12}$，而 $\frac{2}{3}$ 则变成 $\frac{8}{12}$。可以看出，$\frac{3}{4}$ 桶装的比 $\frac{2}{3}$ 桶多 $\frac{1}{12}$。

到此为止，我们已经排除了 $\frac{9}{13}$ 桶和 $\frac{2}{3}$ 桶。再多看两桶。$\frac{7}{9}$ 桶与 $\frac{16}{21}$ 桶相比会怎么样？这次得用上最小公倍数（9 和 21 的最小公倍数是 63）。但是，这里不需要进行更深入的运算，所以我们也可以不去管最小公倍数，直接乘上另一个数的分母。$\frac{7}{9}$ 的分子分母同乘 21 得 $\frac{147}{189}$，$\frac{16}{21}$ 的分子分母同乘 9 得 $\frac{144}{189}$。因为 147 大于 144，这就表明 $\frac{7}{9}$ 桶装得更多。

再来比较剩下的几个桶。

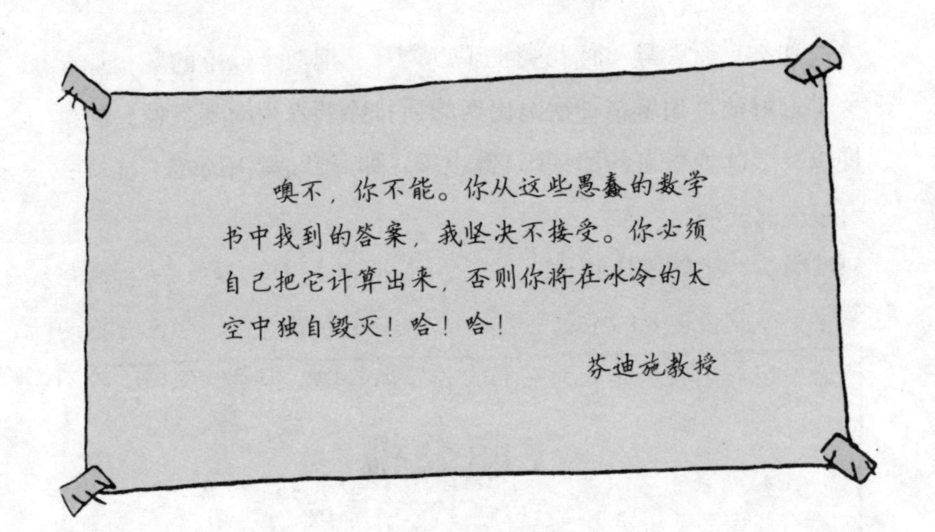

最终，我们得出了具有决定性的答案！装得最多的燃油桶是

好消息

平时，我们经常会遇到一些像 $\frac{3}{11}+\frac{13}{14}$ 这样的计算，需要把一些各不相干的分数相加。大多数情况下，你遇到的分数会是：$\frac{1}{2}$、$\frac{1}{3}$、$\frac{1}{4}$、$\frac{1}{5}$、$\frac{1}{6}$、$\frac{1}{8}$、$\frac{1}{10}$、$\frac{1}{20}$、$\frac{1}{50}$ 或者 $\frac{1}{100}$，不过它们通常不会在同一个算式中进行相加。

坏消息

在极少数情况下，你必须一次加3个分母不同的分数，而且你不得不求出它们的分母的最小公倍数。这儿就有一个例子：$\frac{1}{2}+\frac{1}{3}+\frac{1}{4}$。

这个时候，你就需要求出2、3和4的最小公倍数。你认为能被这3个数都整除的最小数会是几？是 12、15、20、24、30、48 还是60？

实际进行计算后你就会发现，为什么把两个以上的数相加会要了人的命！如果这种情况出现的话，你就真是太不幸啦！如果你还发现自己不得不把结果计算出来，那可真是祸不单行！

飞鹿污水处理系统

飞鹿公报

突变鱼入侵城镇厕所

据昨日报道，飞鹿城内遍地皆是从抽水马桶中跳出的黄鱼，真是骇人听闻。这可能是由于本市的工厂向愤怒河中排入过多有毒废物和放射性淤泥，从而导致鱼类发生基因突变，并开始向城市排污系统逃生。

“我把盖子掀开，正要转身坐下时，突然看到3只紫色的眼睛抬头看着我！”格斯美德大厦的清洁工说，“接下来我看见这条鱼竟跳了出来，用它身体底部长出的毛脚趾在地上走路，还在浴垫上留下了黏液痕迹。最后它打了一个嗝，弄得我手巾架上全是绿色的蛆。”

真是一个耸人听闻的故事，这都是因为飞鹿城的议员们忽视环境安全，一切以利润至上。市民们建议权威人士应该提出一些紧急措施，有这样的激烈反应毫不令人惊讶……

……因此，议员们决定购买一套污水净化系统。

一天，举行了盛大的揭幕仪式。

有毒废物从这根管道注入，5天内注满。
呼
放射性污水从另一根管道注入，7天内注满。
噢
但是，市民们不必担心，因为负责的议员已经购置了另一台机器，它可以在4天内将整池的污水净化后抽出。
好

想什么呢？这台机器能够同时对付有毒废物和放射性污水吗？如果不能，经过多长时间以后，储水池将开始外溢？

想要算出答案，最好先来看看一天的时间会发生什么。

▶ 有毒废物会在5天之内注满，那么1天能注入储水池的$\frac{1}{5}$。

▶ 放射性污水会在7天之内注满，那么1天能注入储水池的$\frac{1}{7}$。

▶ 这台机器能在4天内处理完整整1池，那么 1 天内能排出储水池的 $\frac{1}{4}$。

这就表明，1 天内流入储水池中的污物总量是整池的 $\frac{1}{5}+\frac{1}{7}$，流出量是整池的 $\frac{1}{4}$。

显然还剩下一部分，这样可是会影响这台机器的工作速度！我们需要计算出：

$$\frac{1}{5}+\frac{1}{7}-\frac{1}{4}$$

现在，我们必须找出 5、7 和 4 的最小公倍数，就得到令人难忘的140！计算变成：

$$\frac{28}{140}+\frac{20}{140}-\frac{35}{140}=\frac{28+20-35}{140}=\frac{13}{140}$$

噢，老天！每天到最后，都将会有 $\frac{13}{140}$ 池的污水不能被及时排出。用不着感到吃惊，飞鹿城的议员们实在是太吝啬：他们买的机器不够大！

那么，多少天以后未经处理的废物会从储水池中溢出？

储水池中每天留有 $\frac{13}{140}$，而1个储水池中有几个 $\frac{13}{140}$？

用 1 个储水池除以 $\frac{13}{140}$ 得出算式：$1\div\frac{13}{140}$，它与$1\times\frac{140}{13}$ 相同，或者就是 $\frac{140}{13}$。

计算140除以13，你会发现储水池会在 $10\frac{10}{13}$ 天内溢出。$10\frac{10}{13}$ 天这个答案没有错，但我们通常是用小时和分钟来计算时间的。

你说什么？

胡说，这只需要一些常识。

噢，那不就会使咱们显得更加出色吗？

首先，我们用粗笔把整天数写下来，这样我们很容易就能再找到它——10天——然后把 $\frac{10}{13}$ 天换算成小时和分钟。

1天有24小时，那么1天的$\frac{10}{13}$就是$\frac{10}{13}\times 24$小时，就得到了$\frac{240}{13}$或者$18\frac{6}{13}$小时。再用粗笔把整小时数写下来——18 小时——然后又把1小时的$\frac{6}{13}$换算成分钟。

因为1小时有60分钟，就得到$\frac{6}{13}\times 60$，得到$\frac{360}{13}$或者$27\frac{9}{13}$分钟。我们还要算出秒数吗？

你干得不错！咱们先把整分钟数记下——27 分钟。而1分钟有60秒，我们再乘剩下的$\frac{9}{13}$分钟，由$\frac{9}{13}\times 60$得$\frac{540}{13}$或者$41\frac{7}{13}$秒。叭！你会发现我们还剩下一个讨厌的小分数。

因为1秒的 $\frac{7}{13}$ 跟我们算出的天、小时和分钟比起来实在是太小啦，根本用不着管它！不，最好还是——因为 $41\frac{7}{13}$ 离 42 要比 41 更近，就把 $\frac{7}{13}$ 算成 1，于是得到 42 秒。最后！我们来看看写下的所有数字，把它们相加，然后告诉那些议员们……

至少，它留给飞鹿城的市民一些时间去做其他事情（比如尽量跑得越远越好），这就又可以逃过一次劫难。这次可全得归功于“经典数学”。

势不两立的小数

有个别读者可能会问："当你已经可以用计算器解决问题时，为什么还要去学习这些麻烦的计算呢？"这就好像是说："你会骑自行车了，为什么还要那么麻烦地走路？"或者是："你已经有皮肤了，为什么还要麻烦地穿衣服呢？"这显然就会演变成：假如你是个计算器狂人，那么你将总是骑着自行车到处跑，而且从来不穿衣服。

虽然，计算器在对付那些大数字的时候都十分英勇，但是它们却不知道该在什么时候收手。对于那些从未光脚走过路的人来说，我们最好先来看看 17÷3。可以通过 3 种途径来计算：一种是用蚯蚓，一种是心算，一种是使用计算器。

先是蚯蚓：

奇怪，你快看，已经断了的蚯蚓怎么还会动啊？

现在，来试第二种方法——心算。这有两个答案可供你选择。要么是5带着余数2，要么是把最后的2再除以3构成$\frac{2}{3}$。那么，完整的答案就是$5\frac{2}{3}$。

最后，就是用计算器来算。把你所有的衣服都脱下来（是，还有你的裤子），骑上自行车，开始按那些又脏又小的数字按键。你是不是觉得自己像个真正的傻瓜？加快动作吧。键入17÷3，你会得什么？你得到5.666666666666666666…如果你的计算器有100千米宽，那么6就会一直排到屏幕的最末端。麻烦的是，计算器既没有算出余数的功能，也得不出一个漂亮完整的分数。它只能不停地除下去……可真是悲惨！

当计算器开始变策时

使用计算器在开始计算时是非常明智的，它做了我们想要做的——它试着用3除17的“1”。显然不够除，它再移向下一位，发现有个“7”等在那儿。然后，它就试着用3除17，得到的答案是5带上余数2。这正是几秒钟前我们所做的除法计算。但是，我们能够更加高明地处理剩下的2——要么写成一个分数，要么留下一个余数2。惨的是，计算器笨得不能思考这种问题。所以，它只能给出一个小数，而且没完没了地除下去。如果想要知道接下来到底会发生什么事情，去《你真的会+-×÷吗》中能找到完整的解释。而现在，我们必须知道的是，计算器进行的计算是没有止境的。要是使用高级计算仪器的话，这可能会到死都没个了结。

哈哈！我把计算器接到了一台计数器上！只要按下 17÷3，我就可以毁灭整个世界！

很快，将没人能动。这都是因为没完没了的6！
嘀嘀嘀
5.66666

没那么快，教授！它们很快就会被四舍五入的。
嘀嘀嘀嘀
"经典数学"的读者

小数点看起来像什么

在英国，小数点被写成“·”，换句话说就像一个轻轻飘在空中的英文句号。这很巧妙地避免了小数点与其他符号的混淆，但是要小心！别人可不这么写。比如，美国人（还有大多数计算器）就把小数点写在了底下，看起来像是英文句号。（译注：在中国，也把小数点写在底下，所以本书译文采用中国的写法。）更糟糕的是，欧洲的其他地区经常把小数点写成逗号。正因为小数点如此重要，所以你会认为大家都应该用最不容易混淆的系统，是吗？

小数点的含义是什么

你应该知道，假如有一个“1”，要是你想把它乘10，只需把它向左移动一位，再在右边空出来的地方加一个“0”。这就是把1从个位上移到了十位上，这样“1”就变成了“10”。但是，如果你想要除以 10 又会怎么样？我们请来大个子“1”为大家做演示。

我们把大个子除以 10，它就必须向右移动一位。该走啦，大个子。

它就是小数点。当你想要朝个位的右边走时，它立马就会出现。一旦跨过了小数点，你就变成了一个小数。每向右移动一位，你的数值就缩小为原来的 $\frac{1}{10}$！

大个子是正确的，因为它现在所站的位置就是十分位。此外，你还会注意到，我们在小数点前面加上了一个“0”。我们本来可以只写成.1，但是因为小数点实在是太不起眼，最好还是在它前面加个0，以便人们能看见那里还有一个点存在。

感谢大个子的高水平表演。现在，我们带来了另外一些数字。要是你有一个像25.378的数，这就是它的值：

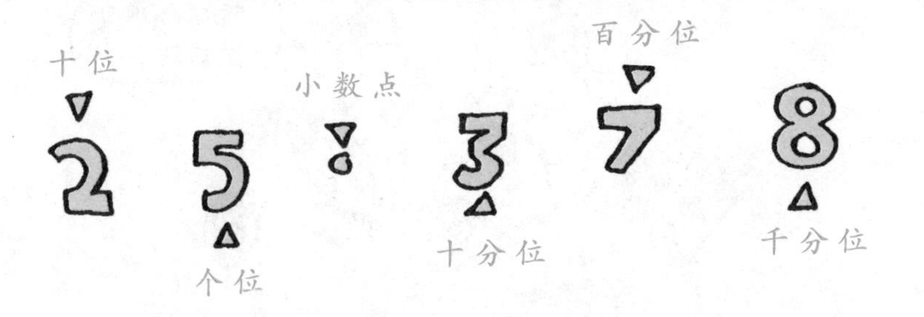

（噢，糟糕！应该早一点告诉你——现在可以放下自行车，穿上衣服啦！真对不起！希望还没有太多人从窗户里窥视到这一切。

裸体骑车已经够糟糕了，如果有人知道你还把大个子找来给你解释数学问题，那么你最好还是找个没人认识你的地方，去过几年隐姓埋名的日子吧。）

现在，你认识到小数点有多么重要了吗？如果你想要预订25.378个冰淇淋，就是说你想要25个完整的冰淇淋再多一点。

但是，要是你忘记打上小数点，那又会怎么样呢？

怎样把分数化为小数

有一些分数很容易就能化成小数。如果你的分数是 $\frac{7}{10}$，就只要写成 0.7。因为就像大个子给我们演示的那样，小数点后出现的第一位是“十分位”。百分数也像十分数一样好写，因为你只需把数字向右移两位，$\frac{3}{100}$ 就是 0.03。还有千分数、万分数等等都像这样容易化简。

不幸的是，你遇到的大多数分数不会是十分数、百分数或者千分数，不过这里有个小窍门。你假装没有头脑，把自己当作一个计算器来化简分数。

现在，我们带来了一些分数……

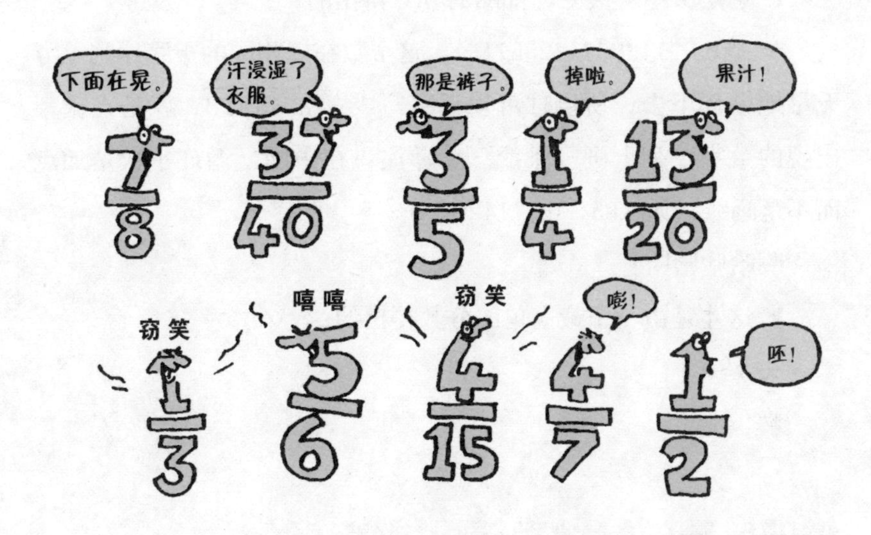

规矩点儿！尤其是你！我们要开始收拾你们啦。从 $\frac{3}{5}$ 开始，只要把它化成3 ÷ 5就可以得出：

$$\begin{array}{r} 0.6 \\ 5\overline{)3.0} \\ 3.0 \end{array}$$

简单！答案是：$\frac{3}{5}$ 写成小数就是0.6。

▶ 这是由一些稍微难一点的分数得到的：

$\frac{1}{4}$是0.25　$\frac{7}{8}$是0.875　$\frac{13}{20}$是0.65　$\frac{37}{40}$是0.925

嘿嘿！

▶ 这是由一些真正艰难的分数得出的：

$\frac{1}{3}$是0.333333…　你可以写成$0.\overline{3}$（顶上这条线表示最后一个数字是无限循环的）。

$\frac{5}{6}$是$0.8\overline{3}$　$\frac{4}{15}$是$0.2\overline{6}$

呵呵！

▶ 这是由绝对会令你郁闷的分数得出的：

$\frac{4}{7}$是0.571428571428571…　这个数在以相同的数字序列无穷无尽地循环下去，所以你可以把它写成：$0.\overline{571428}$，就是在循环出现的数字序列上画一条线。（译注：在中国，循环小数是加点而不是画线，如$0.8\dot{3}$，$0.\dot{5}7142\dot{8}$。）

啊哈哈哈哈！

▶ 这才是由一个最简单的分数得出的：

$\frac{1}{2}$是0.5

咻！

你的计算器是便宜的还是昂贵的

在这本书里，我们不太喜欢使用计算器。而正是因为它的这一缺点，我们又必须去了解小数，所以我们同样需要它的帮助。把分数化成小数的最简单的方法就是用计算器来解决，计算器给出的答案当然都是小数。这也是一个表现你的计算器的优势的好方法。

往你的计算器里输入2÷3，看看会得到什么：

这里有两个计算器，它们给出的答案稍有不同。你认为哪一个更好？

便宜的在不停地计算，一直到算出的6超出了屏幕的范围，可它在停止时舍弃了剩下的那个极其微小的数。这样做有点不太合适。

昂贵的比较好，因为它遵循了“四舍五入原则”。这一重要原则几乎在所有像“经典数学”这样的书中都会出现，建议你在写下来之前多算一位数字。如果额外的数是一个“5”或者更大，那么你就应该在最末位上加1。在这里，昂贵的计算器认识到那个额外的数将会是又一个“6”，所以它在最末位上加了1，答案就变成0.6666667。这样处理之后，答案就变得更加精确了。

你有多懒惰

许多数字的小数部分都是无穷无尽的，而计算器总是坚持不懈地计算，直到它们的屏幕再也装不下为止。当然，你比计算器要好，因为你有大脑，所以你可以选择算到多少位。

假设你要把 $\frac{14}{17}$ 化成小数，你会给出什么样的答案?

▶ 0.8 只有一位小数? 你几乎可以一口气就算出来，真令人吃惊。

▶ 0.82 两位小数，意味着你或许还有足够的时间去脱衣服洗个澡。

▶ 0.823 三位小数也很好，但是你如果想要更加印象深刻，你最好写成……

▶ 0.824 …这是由于你遵循了四舍五入原则。你接着往下算就会知道，下一位数将是 5。那么你在 3 上加 1 成 4。如果你照做，而且做得很好，那么说明你已成功逃脱了计算器的魔掌。

▶ 0.823529411765 从数学角度来说，算到十二位小数是令人叹为观止的。你的答案精确到 $\frac{1}{1000000}$ 的 $\frac{1}{1000000}$ ——但是同时，你也许应该退一步，看看在你生活中还有其他更重要的事。你的收获足够多吗? 你是否不断遇到形形色色的人，正在发展各方面的兴趣，拥有很多欢乐?

正是由于兴趣的原因，一个生活在 300 年前的人，他拥有世人公认的最伟大的科学头脑，这个人就是艾萨克·牛顿。

他喜欢把事情计算到小数点后50位！你会留意到他几乎没有朋友，根本不出门，而且他用的所有壁纸、窗帘和地毯都是鲜艳的红色，这就是对你的警告。

有关小数的好消息

我们在《可恶的分母》中曾学过，当对不同分母的分数进行加减时，必须把它们通分。真正痛苦的是你不得不加，比如$\frac{9}{17}+\frac{21}{23}+\frac{3}{8}$，最后得到……

$$\frac{9\times23\times8}{17\times23\times8}+\frac{21\times17\times8}{17\times23\times8}+\frac{3\times17\times23}{17\times23\times8}=\frac{1656}{3128}+\frac{2856}{3128}+\frac{1173}{3128}=\frac{5685}{3128}=1\frac{2557}{3128}$$

即使你算到这里，$1\frac{2557}{3128}$也绝不是和蔼可亲的数字。你最好先把这几个分数化成小数得到$\frac{9}{17}+\frac{21}{23}+\frac{3}{8}=0.5294+0.9130+0.375$（前两个小数保留到小数点后第四位，而0.375唾手可得）。

然后加起来：

$$\begin{array}{r} 0.5294 \\ 0.9130 \\ +\ 0.375 \\ \hline =1.8174 \end{array}$$

货 币

大家都知道，怎样利用小数的形式来表示有多少钱。要是你有7.23元，就是说你有7元和23%元。然而，我们知道，1元有100分，因此1%元就是1分。如果我们有23%元，我们就有23分。

假设你有3.78263726545元。显然，你已经有3元，可是你有多少分？答案是78分。因为货币只能计算到小数点后两位数字。可惜剩下的那0.00263726545元成了无法挽回的损失，真是浪费！

百分数

你也许已经知道，实际上任何数除以100都是一个“百分数”。很容易就能把百分数想象成分数或者是小数，你完全可以根据心情来随意选择。有的日子你会喜欢分数，而其他的日子你可能更钟爱小数。

如果你更喜欢分数，那么只要把百分号写成除以100——例如47%就等同于$\frac{47}{100}$。

但是，如果你更钟爱小数，你就得把百分数的小数点向左移动两位（同时去掉%）。这样的话，如果是47%，可以想象成47.0%，变成小数就是0.47。要是3%，就会化成0.03。

百分数经常用在商店里，大多是在打折的时候。由于1元有100分，这就变得很容易理解。比如某物有30%的折扣，就可以算出在一般情况下，你每付1元就省下30分。如果你买一个原价5元的壶，由于上面有长毛的绿斑而有30%的折扣，那么你可以省下 5×30 分，就是 1.50 元。那么，剩下的钱足够你再买一把很好的牙刷（当然，你不一定非要刷牙，不过你可以用它来把壶上的绿斑刷洗掉）。

关于钱的趣闻

如果你有成袋的钱，而且你想把它存入像银行这样的有息账户中，那么你每隔一段时间就能得到一笔额外的收入！额外的这笔收入数目取决于“利息”。例如，如果利息是每年 5.5%，那么要是存进 100 元，一年以后你总共可以多得到 5.50 元！对待像利息这样的数，你会发现在百分数里还含有小数，在这里是 5.5%；或者要是你喜欢分数，那就是 $5\frac{1}{2}\%$。显然，如果你有幸很富有，你应该在投资前，先四处咨询一下，看看哪一家给的利息最高。你也应该多加小心，因为有的时候，那些提供高利息的人，不会在你需要的时候马上让你带钱回家，而是让你等一个月或者更久。像“经典数学”中的其他情况一样，这里还要用上你的常识。

百分数最好的地方在于，许多人喜欢用“百分之”这个词来使自己听起来更精明，而事实上他们始终是在乱用一气。

他到底在说什么？如果你把200％换算成分数，你会得 $\frac{200}{100}$，也就是2，那么他说的实际上是：

因为百分数是处理各种分数的一种简单方法，所以人们总是爱滥用它，这就会导致一些愚蠢的错误发生。

幽灵供应店
咱们要多创造点利润。把价格提高50%。
好的，老板。
£100
£100
幽灵店
再见！我去吃午饭。
丁零！
£150
£150
有卖出去的吗？
没有，老板。
你最好再降价50%。我马上就到。
£150
£150
现在卖出去很多啦！老板一定会非常高兴的！
很漂亮。
真便宜。
£75
£75

你能看出是哪儿出了错吗？

答案

第一个店员在100元上正确地增加50%，变成了150元。但是，当老板告诉第二个店员降价50%的时候，这个店员并不知道原价是100元。所以，他从150元降价50%就成了75元。是这位老板还不够聪明！

最佳价格

最后一次关于钱的思考——要是你对分数有所了解，那么你就可以计算出货物的最佳价格。假设你要买电池，你知道两家商店的定价都是每包1元，而你去哪一家都很方便。但是，假设一家商店的标牌上写着“买二赠一！”（就是用2包的价格买3包。）显然，这是个好消息——但是，另一家商店也写了“买一包，第二包半价”。哪一个价格更优惠？

这里要算的是，你买1包究竟需付多少钱。在第一家商店里，你可以用2包的价格买到3包，就是说每一包的价格是2÷3元，得出约6毛7。

在第二家商店里，你用$1\frac{1}{2}$包的价格买到2包，$1\frac{1}{2}$包的原价是1.50元，那么你用1.50元买到2包。这样每包价格7毛5。因此，第一家商店更便宜！

（当然，要是你从今以后只用得了两包电池，那么你最好还是花1.50元买两包，这样总比花2元买3包，最后却浪费了第三包更合算！）

小数侦探

来一次计算器的挑战。给你一些小数，找出它们是由哪些分数得来的。这是计算方法……

假设你从小数0.625开始。你必须找出两个数字，用其中一个除以另一个，能从计算器上得出0.625。你可以试试4÷9，可你会得到0.4444444…所以不对。也许你会试试5÷7，可你会得到0.7142857，那么也不对。最终你会找到，当你用5÷8，你会得0.625，那么我们要找的分数就是$\frac{5}{8}$。你解决了它！

这里还有更多的小数让你来试，为了简单，这里没有一个数字大于 9。你可能更加喜欢用铅笔在纸上写下你试过的数字，还有，别忘了填上你得到的答案。

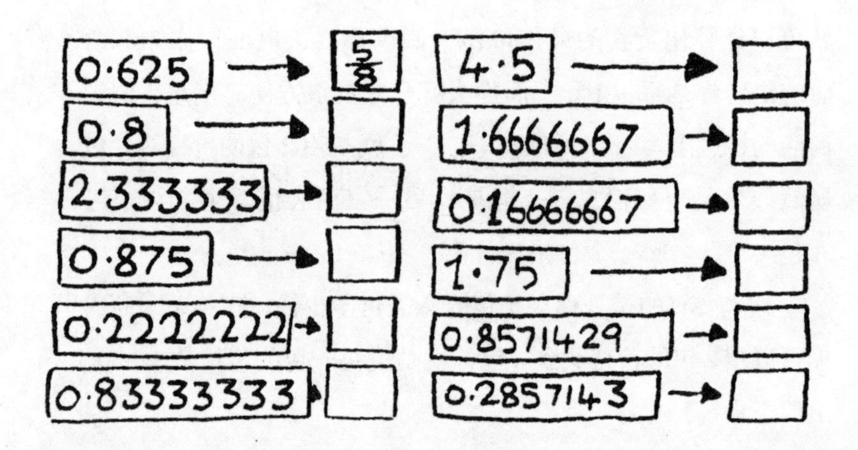

做得怎么样？你会发现，只要稍加练习，你就可以快速准确地猜出所需的数字。另外，用不着为计算器得出的答案担心，不论你的计算器是“便宜”还是“昂贵”，最后一位是否相同并不重要。

一旦你变得精于这种计算，你就能找个朋友来比试一下！你俩每人需要一个计算器，此外你还需要一点运气、一点猜测、一点神赐予的灵感和大量的技巧才能胜出！

▶ 每人选 1 到 9 之间的两个数字来组成一个分数。写下你的分数，但是不要让另一个人看到！（例如，你写下 $\frac{9}{8}$。）

▶ 各自用计算器把你们的分数化成小数，把答案写在另一张纸上（因此你用计算器算出 9÷8，然后写下答案 1.125）。

▶ 等你们都准备好后，你把你的小数给另一个人。

▶ 第一个算出另一个人的分数的人就是胜利者！

很快你就会发现这个游戏其实很简单，然后你可以提议增加难度。不再把数字限制在 1 到 9 之间，而是可以用更大的数字，比如 1 到 20 之间。

我给她 $\frac{11}{19}$。

$\frac{11}{19}$ 换算成 0.5789474。

你永远也算不出那个数。

噢，不能吗？同时也考虑考虑这一个，朋友！
0.3076923

与计算器的战争

要是你在上一章中试玩过“小数侦探”，那么你会知道与计算器的挑战非常令人满意。首先，你一定得准确地猜测出你所要的数字。当你得出正确的答案，并看到全部8个数字都各得其所，那么你就赢得了这一局。很快，你会在我们为荣誉而艰苦奋战的地方，绝望地陷入大队人马的包围。

游戏须知

2人游戏，不过最好是3个人或者更多。每人需要一个计算器和一堆金币（要是你懒得叫仆人去金库里取金币的话，也可以用糖或筹码来代替）。所有人最好都围坐到桌子旁边，拿上铅笔和纸。把一个盘子或者罐子放在中间当作银行。

游戏目的

你必须在计算器上按任意 4 个键，然后再按“=”号，创造出你自己的防御数字（因此你可以按 5 ÷ 62 =，你的防御数字就是

0.0806452）。其他的玩家也会试着按 4 个键来创造出他的防御数字。要是他们处理得巧妙，你就死定啦。

游戏步骤

▶ 开始时，每人在银行里放入 2 枚金币。

▶ 之后，各自悄悄地创造出防御数字并清楚地写在一张纸上，然后面向下放到桌子中央（每个人还应该把键入计算器的数字自己记录下来）。

▶ 大家都准备好后，把桌子中央的纸全部翻过来，展示一下所有的防御数字。

▶ 玩家必须试着破解别人的防御数字！首先挑一个你看上去最简单的数字去破解。

▶ 要是你认为自己完全可以在计算器上按出别人的防御数字，那么你就大叫“进攻”！其他人就要停下。

▶ 给大家看你破解出的防御数字，然后演示出你按下哪 4 个键。

如果你是正确的，那么这个防御数字就被排除，而你就可以从银行中赢走 1 枚金币。说不定大家都会拍着额头说：“天啊，你可真厉害！”然后大家继续破解剩下的数字。

如果你算错了，那么这个防御数字仍然保留，而你必须再往银行里扔进1枚金币。每人冲你做个鬼脸之后再继续玩。

▶ 一直玩到还剩下一个防御数字。如果你的数字是最后的幸存者，那么你就可以赢得剩下的所有金币，但是……

▶ 在拿到金币之前，你必须演示一下你是用哪4个键创造出这个数字的！如果你不能演示给大家看，你究竟是怎样按出这个数的，那么，银行里的金币就留待下一轮再用。还有，你要是还想参加下一轮，你就必须花5个金币，而不是2个！

注意

如果游戏玩到最后，大家都争论得一塌糊涂，那么这里有些东西可以消消火气：

▶ 要是计算器屏幕满了，那么只有前7位是准确的——因此，如果你寻找的是0.3529411，而你得到0.3529412，那么仍然算是破解成功啦！

▶ 如果你用的4个键和防守者用的4个键不一样，这并不要紧——只要你得出的答案正确，就算是破解成功！例如34×9=会给出一个答案是306，但是你也可以把它破解成51×6=，或者甚至是306=。

▶ 大家只能使用这10个数字键和 + - × ÷，以及小数点键。但是，如果大家的计算器都有%键或者√ 键，那么你们也可以同意使用。

▶ 要是剩下不止一个防御数字，而又没人能再破解，那么到了事前商量好的时间后，银行的钱就平分给几个幸存者。但是，他们必须先给大家看，他们是怎样造出这些数字的！

最后——不可告人的秘密

你可以输入一个数字以后，直接得到这个数字的“平方”（换句话说就是把一个数乘它自己）。方法是先输入这个数，然后按×，接着按=。例如，如果你依次键入“789”“×”“=”，你会得到一个防御数字622521。这样，就可以把那些无知的对手统统打败！

平均星球的旅行

欢迎来到“平均星球”！这是一个与我们地球非常相像的星球，在这个星球上居住的所有居民和我们地球上的居民几乎一模一样。上述这些听起来还不错，可要是你亲自到这个星球上去转上一圈，这个想法就会变得很可笑了。你千万要有个思想准备，尤其是当你知道了以下这些情况后，一定要挺住！真是太可怕啦，真的！

▶ 每个平均星球人的手指都略少于 10 个，脚趾也是一样。这是因为他们受到了惩罚……

▶ 每个平均星球人的胳膊和大腿都稍少于 2 条。现在，你是不是觉得平均星球人的身体看起来不太完整？那就对啦！但是，还有一些平均星球人的孩子看起来更加不完整，因为……

▶ 每个平均星球人的家庭有2.4个孩子。

你能够想象得出 0.4 个孩子在房间里玩耍会是什么情形吗？太恐怖啦！但是他们的父母看起来也好不了多少，因为他们的穿着习惯实在是非常另类：

▶ 每个平均星球人的父母都穿着 $1\frac{1}{4}$ 条长裤，1 条只有几个布片儿的裙子，1 只高筒女靴，1 只袜子和半套内衣。事实上，就连他们的孩子都搞不清自己的父母是哪一个。在平均星球上，孩子们都管爸爸叫“妈爸”，管妈妈叫“爸妈”。

当然，如果你真的想了解这群奇怪的居民，那么就去他们的农场参观一下吧。这里

的牲口特别容易辨认，因为它们的体形每个都有山羊那么大，每个身上都长着$3\frac{1}{2}$条腿和1只翅膀，身体表面覆盖着一层羊毛、兽皮和羽毛的混合物。它们虽然也产蛋，但是靠哺乳来养育后代。

上述这些平均星球的风土人情还只是一小部分，我们还会在以后的旅行中领略到更多趣闻。下面我们再来看一件奇异的事情：

▶ 每个平均星球人的寿命正好是54岁4个月11天5小时47分23秒。

怎么样，奇怪吧？以后还会遇到哪些怪事儿呢？我们已经知道，平均星球人与一般的地球人其实非常相像。你将从后面的介绍中得知“非常相像”的含义是什么。现在，我们还是把注意力放在“一般”这个字眼上。

“一般”的含义

你也许曾接触过一些关于“一般”的含义，但是在这里，“一般”常常被用于形容一件事情很无聊。

在这里，“一般”的含义是说电影不是非常精彩，不太值得人们为之迷醉，但也不是非常无聊而根本不值一看，只是拍得相当一般。上映一段时间后，人们也许就不记得看过一部这样的电影了。

其实，“一般”只是一个中性词，意思是最平常的或者是处于中间状态的，但是为什么人们一提到这个词，就往往理解带有贬义，意思是非常无聊呢？其实，这个词在很多时候也会表示很好的意思，比如说，一根一般的香蕉通常是指香蕉既不是太生也不是太熟。

这个词也可以用来形容恋人接吻，那表示什么呢？看过下面维罗尼卡的表演你就会知道的：

“一般”这个词可以被用在任何场合。有时候，比如学习法语或是打网球时，我们的水平不是特别出众但也并不太差劲的时候，我们就会用到这个词。再比如，有的人可能深深痴迷于数学，但是对绘画却一窍不通，再或者是一个人精于弹琴，但不擅长烹调。这时候，你要是想说这个人在某一方面擅长而在另外一些方面却很外行，就可以说他是个“专才”，也有“不一般”的意思。“一般”这个词还有平均的含义，比如说，你“一般”是在几点等公共汽车，你一般会把一个橘子切成几块？

如果你知道了凡事都存在“一般”，那么你对生活的期望就该形成自己的看法。假如，你那位多年未见的姨妈就要从蛀坝谷淘金归来。当她走进家门的时候，你肯定会为她这几年的变化而大吃一惊……

在见到她之前，你很可能觉得她只有 1.65 米的身高，因为你所有的姨妈差不多都是这么高。但是，她要是有 2.5 米高呢？你还会因为想要得到财宝而恭维她吗？

但是，如果她只有 1 米高，那么你同样可以说上几句动听的话……

要是很不幸，你姨妈刚好身高适中，就是 1.65 米，这同样不妨碍你再说些漂亮话……

其实，你自己的每一个特点也都很一般，比如你的体重、你的智商、你的考试得分、你每年圣诞节得到的祝福卡片等等。这样说也许会令你十分沮丧，但这确实是事实。这个世界上的大多数人和事情都是这样的。但有趣的是，每个人都会有一些小特点是别人不具备的，这就是很多人的兴趣所在。你能找出自己特别的、不同寻常的、与众不同或是奇怪的，换句话说就是不一般的地方吗？下面给你提供了一些思路：

- 你能以80千米/小时的速度奔跑吗？
- 你能吃进6包薯片而一口水也不喝吗？
- 你长了3只眼吗？
- 你能说6种语言吗？
- 你收集古董指甲刀吗？
- 你活到238岁了吗？
- 你能舔到你的衬衣扣子吗？
- 你最喜欢的学科是地理吗？

除了一些与众不同之处以外，你的其他特点就是跟大众一致的，但“与众不同”在平均星球人的眼中就变得非常奇怪，因为他们每个人都是那么的完全一致。

完全一致？

哈！现在，你可以坐下来好好地思考一下了——“一般”其实就是一种平常的、中立的东西，它就好像是热气腾腾的面包上飘浮着的香味。这样形容准确吗？当然不，我们现在讨论的是严谨的数学，没时间在这里磨蹭。我们要赶紧把这个稀里糊涂的“一般”概念引入实验室，就像做实验似的，把它绑在实验台上用电击，然后从头到尾切成薄片。好！要是你看不下去的话，可以先把脸转过去……

经过一番仔细的检查，我们发现“一般”中包含有三层意义，分别可以称作：平均数，众数和中数。让我们把众数和中数先放在标本罐里，留作以后研究用，因为当人们谈到“一般”概念的时候，最先想到的就是“平均数”这层含义。因此，下面首先讨论“平均数”的概念。

平均的概念

平均数的概念在计算除法和加法时，使用率很高。虽然概念本身不是很难理解，但是像所有的数学概念一样，我们之所以费心尽力去弄明白，就是因为它们的确很有帮助。要是平均数的概念毫无意义的话，我们根本不必花费时间去搞明白它。因此，大家来积极开动脑筋，想一想平均数在实际生活中究竟会有什么意义呢。

女士们、先生们——在“经典数学”这一系列书中，我们都为你提供了权威的、经政府批准的、科学接受的、生态平衡的、政治态度端正的热情款待。

深思指南

1. 一手托腮，一手提头顶，做沉思状……
2. 在一望无际的草地上漫无目的地来回踱步
3. 常常自言自语地说：“嗯……”

噢！你看看自己到底在做什么呢。

嘣——咚！

天哪，你怎么掉到坑里啦。看起来，像你这样的傻瓜还不少呢……

突然，你觉得自己的胳肢窝下有点发痒。发生了什么事？你一挠才发现，手上竟粘着一条有 52 条腿的紫色和黄色相间的肉虫。正当你试图将它甩开时，你又感觉到有什么东西正在往你的袜子里钻！那是一条长着橘黄色脚趾和 46 条腿的爬虫。好恶心呀！但是，你没时间想这么多。因为，另一条长有 34 条腿的毛虫正在你的头发里做窝，而另外一条青绿色、有 68 条腿的虫子正爬向你的鼻孔。经过一阵激烈的“除虫搏斗”后，这些讨厌的家伙终于被打发走了。但是，还有一个34条腿的家伙正在你肚脐眼上产卵。

你用舌头飞快地把肚皮上的小虫给消灭掉（这也证明，其实你也十分与众不同，因为这种行为实在是匪夷所思而又不太文明）。这时候，这5个讨厌的家伙蜷缩在你面前。

干得漂亮！那是当然，如果此时你无事可做的话，你就应该想一想，它们会不会有毒呢？它们刚才可是咬过你的呀！幸好，你现在还有更重要的事，别忘了你正在深思之中。比有限的生命和死亡更重要的命题是：这些爬虫平均有几条腿呢？

你可以先把所有爬虫的腿总数相加，然后除以爬虫的个数。最好在下面列出算式来计算：

$$\text{腿的平均数目}=\frac{\text{所有腿的数目}}{\text{所有虫子数}}$$

把所有虫子的腿加起来就是：52+46+34+68+34＝234条腿。

然后，用总的234条腿除以一共5条虫子：

234÷5＝46.8条腿。

现在，你已经知道每条爬虫平均有46.8条腿。但是，知道这个又有什么用处？

“哈哈哈！”一阵笑声从你的头顶传来。

你抬头一看，竟看见芬迪施教授正拿着一个玻璃罐子站在坑边。不容置疑，这是他挖的陷阱。因为，他觉得只有这些不幸落坑的可怜虫们才能把他逗得哈哈大笑。

“难道你是来帮我从这个鬼地方里爬出去的吗？”你冷嘲热讽地说。

“可以啊。”教授回答说，“但是，也许又不可以！”

“没希望啦。”你叹气道。

“噢，别叹气啊！”教授说，“看我给你带来了些什么好东西？”

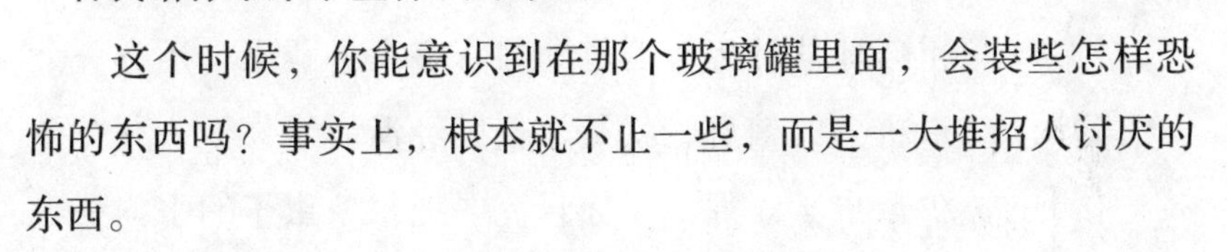

这个时候，你能意识到在那个玻璃罐里面，会装些怎样恐怖的东西吗？事实上，根本就不止一些，而是一大堆招人讨厌的东西。

你开始着急：“你手里的罐子里是不是装了很多的爬虫呀？你是想把它们整个家族都请来吗？”

“别这样想呀，要是我把这20条虫子全都倒在你的头上，这不是很有趣吗？”教授说道。

恶心得要命！但这是真实的，一点儿也不好玩儿。你了解教授的性格，他是不会这样做的。如果你能表现得镇静并从容一点，说不定你就能从困境中解脱出来。

“我能够想出一些事情让你觉得更有趣。”你说。

“如果我能说出你的容器中装的那些虫子一共有多少条腿的话，你就把我解救出来！”

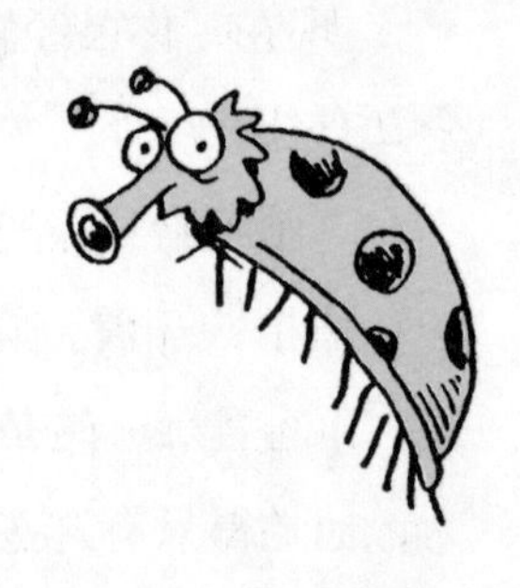

“多少条腿？”教授轻声说，“你怎么可能知道这个呢？”

“我就是能办到。不信你来数数，看看我说得对不对？”你十分自信地说。

这时，教授在上面往手里的容器中瞄，只听见他嘴里喃喃地说：“1，2，3……别犯傻啦，怎么可能数得清呢！1，2，3……”

在教授一条一条数的时候，你赢得了思考的时间。你已经知道每条虫子平均有46.8条腿。当然，世界上没有哪一条虫子会有46条完整的腿再加上0.8条腿（除非是因为意外事故断了一节）。但是，是不是整的腿数并不重要。你已经知道平均数，就能粗略地估计出容器里一共有多少条腿来。还有一个很重要的信息，就是教授已经泄露给你他一共有多少条虫子。那么，你只需要把每条虫子的平均腿数与总共的虫子数相乘，你就可以得到答案。要是不信，你就算算46.8×20，最后得到936。于是，你马上冲头顶喊：

“数完没有？到底有多少呀？”

“还没有呢！”他很不耐烦地说，“我估计肯定上百。”

“看看是不是936呢，也许会差个一两条腿。”你轻松地说。

“你肯定错了！”教授说。

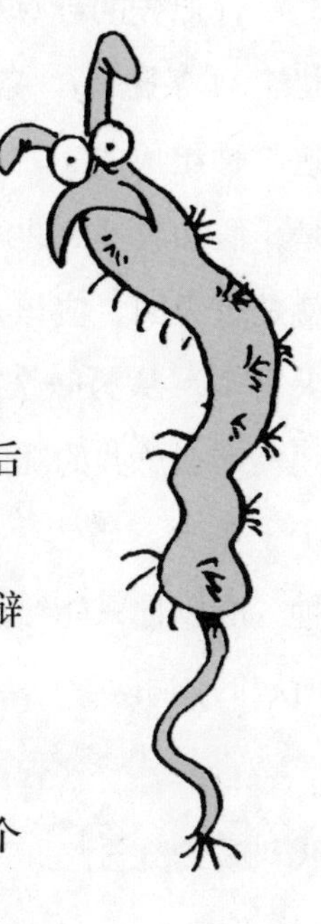

“是吗？你还是认真地数吧。”你充满自信地说。

“叭！”他嘀咕着，你听到他拧开罐子上的盖子。片刻之后，又是数数的声音。

“463，464……”

“好耶！这正是总数的一半。”你欢呼道。

“小子，别高兴得太早！刚才已经数到最后一条虫子啦！”教授说。

“另一半虫子肯定是逃跑啦！”你为自己辩解道。

“逃跑？往哪儿逃呀？”教授很不屑地说。

但是，不一会儿，他的尖叫声便回答了这个问题。

“妈呀，把它们从我耳朵里拿走，还有我的背心里。”教授发出凄惨的求救声。

“你现在知道它们跑哪儿去了吧？”你哭笑不得地说。但是，上面没有应答。

随后，你成功地从陷阱中跳了上来。这时，你再去寻找教授，他已经一头扎进了河里。又一个阴险的害人计划泡汤啦！

你的答案究竟正确吗

你站在河边，看着教授正被河水冲走，真是自作自受！而此时此刻，你根本没有时间去考虑怎么样救他，因为还有更重要的问题摆在你面前，你那936条腿的答案到底正确吗？

你原先的计算是根据5条虫子，而它们分别有52条腿、46条腿、34条腿、68条腿和34条腿。如果教授的20条虫子也都是由这5种组成的，那么你的答案接近于正确答案的可能性很大。但是，假如教授的20条虫子都是68条腿的呢？那么，所有腿的数量就是最大的，应该是68×20=1360条腿，这个答案可比你的结果大得多。从另一个方面讲，假如教授的20条虫子都是34条腿的呢？那么总共的腿的数量就是最小的，仅有680条，比你的答案又少了不少。当然，因为你没有办法知道容器里的虫子到底是哪几种，所以你只能给出936这个折中的结果。你看，这就是平均思想所起的作用。

慷慨或吝啬

有些时候，对一组数，你没办法确定它们的平均数，但是你可以知道它们之中哪个最大、哪个最小。下面将要讲的是在维罗尼卡生日那天发生的故事。有很多人都为她集资买生日礼物（因为她实在是太可爱了，每个人都喜欢她），下面的清单显示了每个人各捐献了多少钱。

西德尼	52分
布托	75分
庞戈	7分
罗德尼	46分
威纳	82分
马尔科姆	69分

维罗尼卡计算出了集资的总额，并除以集资的人数，她得到一个算式：3.31元÷6，得到每人55.17分（在这一章中，为方便起见，我们只保留到小数点后两位数字）。

这条信息对于她来说用处可大啦！现在她可以清楚地掌握谁给的钱多于平均数。

同时，谁给的少于平均数，那么……

至于这个人……

老师就经常喜欢计算全班的平均成绩（尽管大多数老师并不愿意承认这一点）。通过这种方法，他们可以知道哪些学生的成绩高于班级平均分、哪些低于平均分。顺便说一句，如果你听到一个老师这样抱怨道：

你可以这样回答……

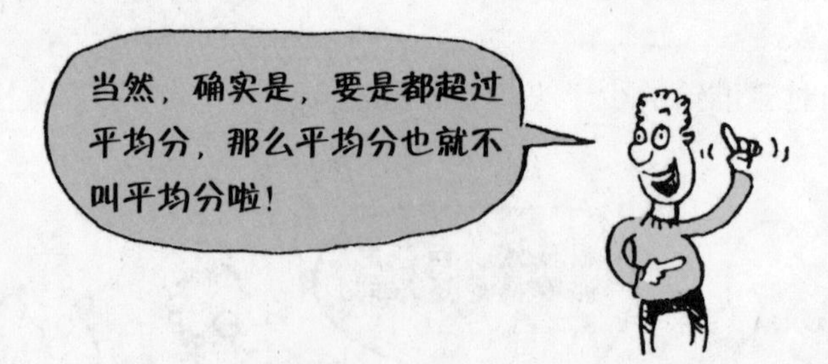

关于体育的思考

从事体育的人特别注重平均成绩，因为他们经常利用这一指标来衡量自己是不是足够优秀。具体方法是这样的：

你今天用了83秒。

周一94秒
周二97秒
周三83秒
我来算算你这周的平均成绩。

94+97+83=274
274÷3=
91.33
你的平均成绩是91.33秒。
明天我一定加倍努力。

第二天……
85秒！可比昨天慢了。
嗒嚓

回到平均星球

如果你还是想知道，为什么平均星球上的人会是那个样子，这里有一个问题能够帮助你：

世界上，每个人平均有多少根手指？

你认为答案是10吗？

不对！实际上，虽然大多数人如此，但并非每个人都有10根手指。有极少数的人，因为先天或者后天的原因就缺了几根手指。因此，如果你把全世界所有人的手指加在一起，然后除以全世界的人口总数，那么所得的答案就会略少于10。

嘀笃——嘀笃——！

哈！有好戏看啦！你兴致正高的时候，一辆警车停了下来。嘿，你们能不能小声一点儿，大家正在读书呢！

到底平均有几根手指呀？也许，我们可以用这警车上的人来做个试验。警车上抓的这 6 个强盗大家都认识，他们分别是威赛尔、查尔索、布雷德、笑面虎加百利和波基。如果他们举起双手，你就能看见每人都有 10 根手指头，所以一共有 60 根手指。你再除以总共的人数，就可以得到每个人的平均手指数。毫无疑问，60 ÷ 6 就得 10，所以每个人平均有 10 根手指。

你好！另外一位警官抓来了最后一个强盗。

哈，下面的情况就有意思啦。所有的罪犯，举起你们的双手——因为要是现在再数一次，我们将得到61根的总和（因为吉米只有1根手指，那是由于他在玩“蛇梯棋”这个危险的游戏时失去了其他手指）。现在总共是7个人，所以算式应该是61÷7，得到8.71。现在你发现没有，虽然多了1个吉米，结果却变小了。

计算世界上所有人的平均手指数也是一样的。即使世界上只有1个人丢失了1根手指，那平均手指数也会由10下降到9.999999998——换句话说，就是小于10。这就是为什么平均星球人都要砍掉一截手指，因为这样他们的平均手指数才相同。

不仅如此，平均星球上的人在所有方面都搞平均化，甚至不惜采取一些很愚蠢的做法。比如说，他们每个人应该穿几只袜子呢？他们要先算出世界上有多少只袜子，然后除以所有的人口数，就得出每个人应该穿多少只袜子。这就是为什么他们只穿1只袜子的原因。好了，不提这些愚蠢的平均星球人和平均数，下面我们来谈谈放在标本罐里的另两个概念。

你拥有“大众品位”吗

很多年前，当人们谈论到时尚时，人们总是习惯于讨论“大众品位”。当你用紫罗兰色裙子、宽口皮鞋、羊毛衬衫、插着鲜花的大檐帽来装扮你自己的时候，人们会说：“你真时髦呀！”或者说：“你真有品位。”（但是没有人会说你别出心裁，树立了自己的风格。）

当“大众”被引申到数学上来，就变成了“众数”的概念，也就是在一组数中出现频率最高的那个数。如同在 1960 年，人们都用前面说的服饰来装扮自己，因此那种风格就是当时出现频率最高的，这就好比是众数。当时，很多人都穿成这个样子，但是，如果你不喜欢这样，你去找一件老式的婚纱来穿，人们就会以为你的精神有问题。

还记得你在陷阱里见到的那 5 条虫子吗？虽然它们的腿的平均数是 46.8，但是它们的腿的众数是 34，因为 34 条腿的虫子比其他的都要多。事实上，34 条腿的时尚已经过时啦。

虽然平均数和众数反映的都是“平均”的思想，但在实际应用中，它们常常会产生不同的结果。假设我们有 3 条独腿的虫子也在这几条虫子的行列中：

▶ 一共 8 条虫子的腿的平均数是：总和 52+46+34+68+34+1+1+1 = 237 条腿，除以 8 约等于 29.63 条腿。

▶ 这组数的众数是1，因为1条腿的虫子在这些虫子中最多。

众数在数学中的应用虽然不是很广，但是有时候，我们习惯使用的平均数发挥不了作用。因为，虽然平均数反映的是一组数的平均值，但是在实际情况下，它往往不能被很好地应用。每当这时，众数就派上了用场。

假设，你从慈善中心得到一个口袋，那里面装着募捐来的袜子：有 5 只蓝的，3 只黄的，7 只绿的……

▶ 在这些颜色中，出现频率最高的是哪一种呢？当然是绿色，因为有 7 只绿袜子呢！

▶ 这些袜子的平均颜色是什么？不用说，这真是一个荒谬的问题，你怎么能把不同袜子的颜色求和呢？

当你应用“平均”概念的时候，众数和平均数还是有不同之处的。当你事先不看，从装满袜子的口袋中随便拿一只，哪种颜色的袜子最有可能被拿到呢？答案是绿色的，因为绿色是众数——换句话说，在出售慈善物品的商店中，绿色的袜子将会是最常见的。

如果平均星球的人也有这个概念的话，那么他们恐怕就不再会追求平均，而是争相追求众数。那样的话，他们就会有两条腿和两条胳臂。道理很简单，虽会有例外，但地球上的绝大多数人都有完整的胳臂和腿。不过他们也不能完全采用众数的办法，否则的话，他们的性别就应该都是女性了，因为地球上的女性要比男性稍稍多一点儿！（也许平均星球的人还是挺喜欢做女性的，至少比现在既是男性又是女性要强很多。仔细想想，至少现在，他们怎样洗澡仍然是个问题呢！）

认识中数

最后，我们要见一见“平均”概念的最后一种成员——中数。中数就是处于中间位置的那个数字。接下来，我们再把那5条讨厌的爬虫请出来看一看。

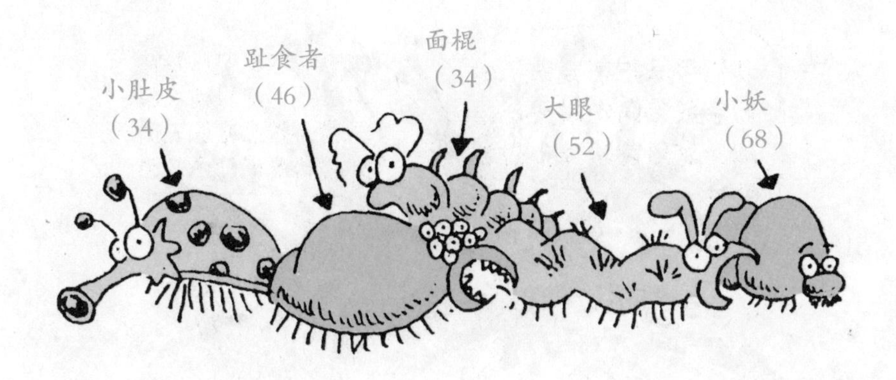

处于中间位置的是那条长有 46 条腿的爬虫，因为有两条 34 条腿的虫子比它腿少，而另两条虫子的腿比它多，所以它的腿数就处于中间位置。因此，你寻找中数的时候用不着经过数学计算，只需要仔细地数一数。也许你已经发现，中数的值很接近于平均数的值。

那个长着 46 条腿的朋友就和它们所有虫子的平均腿数 46.8 很接近。所以，如果你没有时间用很烦琐的计算求出平均数的话，你也可以用中数值来代替平均数。好！这些讨厌的虫子我们已经用完了，现在让我们把书合上，干掉它们，以防它们再害人。

有用吗？翻到下页看看。

现在，我们回过头来再看看维罗尼卡的生日集资活动。在这里，我们把几个人的集资数按照从多到少的顺序排列起来：

威纳	82分
布托	75分
马尔科姆	69分
西德尼	52分
罗德尼	46分
庞戈	7分

你能找出这一组数的中数吗？

正当我们在观察这组数，想要找出它们的中数时，一个新问题出现了。要是一组数有奇数个，那么我们很容易就能把处在中间位置的那个数找到——就像刚才从5条虫子里挑中间的一条，但要是有偶数个数字又该怎么办——就像现在这样，到底是选马尔科姆还是西德尼呢？这种情况似乎很难抉择，幸好我们还有一个“异数”。

一个异数就是在一组数中特别大或者是特别小的那个数字，它的存在往往会带来误差。在以前几页中，我们曾经计算过，每个男孩平均集资 55.17 分。然而，这个平均数并不能公平地反映出实际情况，因为庞戈只贡献了7分，他的存在拖了计算的“后腿”，平均数本来可以再大一些的。让我们来设想一下，要是庞戈的钱并不存在，情况又会是怎样的。这个时候的平均数是：（82+75+69+52+46）÷5 = 64.8分，这个结果与 55.17 相比大了不少，也就是说，没有了庞戈，其他 5 个集资就好像是多给了 10 分一样。看到异数给计算带来的误差了吧？因此，在实际计算中我们常常将异数忽略掉。

棒极啦！现在我们知道了“忽略异数”的规则。根据此规则，我们去掉了庞戈的集资数，只考虑另外5个人。很显然，马尔科姆的钱处于中间位置，因此，69 分就是中数。

当你得到了这样的中数之后，你同样可以把它们当作平均数来用。假设，有 30 个男性朋友都为维罗尼卡的生日筹了款，这时候她能够得到多少生日收入呢？既然中数是 69 分，你只需要把它乘上 30 个人，就像这样：

69×30得到答案2070分，也就是20块7毛钱。

别忘了，如果加上庞戈的 7 分钱，那么算出的平均数只有55.17分，要是我们用这个数来算，仍然假设维罗尼卡有30个男朋友的话，结果将会是30×55.17分得1655分，也就是16块5毛5。

千万别责怪数学——要怪只能怪吝啬的庞戈。

如何快速地检查购物小票

这种情况发生了多少次？

现在，掌握了这种技巧后，你就可以很轻松地说：

当然，做这种检查需要花很长时间，尤其是你必须在脑子里不停地思考。但幸运的是，我们应用平均数的概念就可以做出快速的估计。你所要做的就是，牢牢记住下面的两招：

首先，忽略购物小票上所有的零头，只将那些整数相加。这就简单了许多，心算就能得出结果（记住，价格不到1元的千万别加）。

然后，将购物小票对折，只留下所有商品的一半，看看这一半共有多少项物品，把这个物品数目当作元数来与之前的结果相加。

这样算出的结果将最接近你账单上的实际数目。

这种计算方法的原理是什么呢？很显然，第一步的做法是，把所有的整钱加到一起。但是，做了这一步之后，你也应该会对这些商品的零头有点概念（比如说，一件商品的价格是 2.38 元，你已经把整钱计算了，零头怎么办呢？我们当然会考虑，别着急）。

这里是零头的处理方法：假定所有商品的零头部分平均值是 50 分。当然，事实上有的商品还会是 98 分。但是反过来，还会有 15 分。粗略地说，它们的平均数是 50 分。这就意味着，在计算过整数之后，你在小票的每一项商品后面加上了 50 分。在这里，你用不着逐个计算每一项，然后各自加50分，而是计算出一半的商品数，然后每项加1元。

这就是答案！

还有一件事情你必须注意，你得出的结果可能比实际的结果小一点，因为实际上定价商品的零头大多数是大于 50 分的。这是因为，超市总喜欢把商品的价格定得接近于一个整数。比如说，一件商品卖2.99元而不是3元，虽然只少了1分钱，但是它会让你觉得比 3 元便宜了不少。这样，你的小票上就有很多商品的零头远大于 50 分。尽管如此，你也不必担心。即使你帮他们检查得到的只是一个大概的数字，他们也同样会对你的周到服务留下深刻的印象。另外，如果你想使得到的数字更加准确，那么你可以在心算完了以后，再加上 1 到 2 元钱，以补偿在约简时不计算在内的差值。

如何数清本书共有多少字

在本书中，我们通常会使用另外一种体现“平均”概念的方法。要想算出这本书一共有多少字，你只需要先数清 1 页中有多少个字，再乘上本书的总页数就可以了。

好问题！在这本书中，你会发现有的页上，有很多的文字，而另外一些则有很多的插图。那么，你应该做的就是去找一页像本页的，因为这样的页既有文字又有插图，比较平均。要是你浏览全书后就会发现，如果一页有 $\frac{2}{3}$ 的文字、$\frac{1}{3}$ 的插图，这样的页就比较适合做统计用。

如果你对上述的技巧很熟练的话，你就可以说这一页是适合做统计用的。那么接下来，你就开始数吧。

那当然啦，你必须要数清楚总共 10 行上的所有字。然后再除以 10，你就可以知道平均每行有多少字。然后，你就可以去数每一页上有多少行，再乘上每行的平均字数。

用这种方法，你就能比较准确地计算出每页上有多少字，再乘上总页数，从而可以得到本书的总字数。

下面，总结一下我们以上所说的方法：

1. 找字数平均的一页；

2. 数出10行的总字数；

3. 把10行的总字数除以10得到平均每行有多少字；

4. 数一数你选的那页共有几行；

5. 把每行的平均字数、每页有几行、书共有多少页乘到一起；

6. 最后的结果能够大概反映出本书有多少字。

当然，这种方法适用于任何一本书，甚至是那些字数非常多的书。

作者有多聪明呢

同样，你还可以用平均数概念去衡量一本书的作者有多聪明。因为，聪明的作者往往喜欢用很长的句子，就像下面的资料显示的：“……假定已建立的正确性是由依赖于侧面意识形态的综合常规假说提出的……”，而一般的作者就写一些很简单的事物，比如“汪汪表示的是狗”。

你要做的是，数出本书英文版中每个单词由多少个字母组成，这个非常简单：

找出一段由10个词构成的话。数出这10个词的所有字母数，然后除以10——你就会得到想要的平均数。如果你想做得更加精确一些，那么你可以数出20个词的总字母数再除以20。要是还想做得更加精确，那就找100个词去数，然后除以100！找的词越多，你的结果就越精确。之后，就可以用你的结果来与下表作个对比：

每个词的平均字母数	敲他们的脑袋发出的声音	作者的聪明程度
3 以下	乒! 	很可能用蜡笔在墙上写作。
3—3.6	嘭!	如果有可靠的成人在场，只允许使用剪刀。
3.6—4.3	砰! 	能看无惊险刺激的白天电视节目。
4.3—4.74	噗!	不能看无惊险刺激的白天电视节目。
4.75	噗! 	善于交际，机敏，有魅力，英俊，机智，举止得体。

4.76—5.3	咚！	不仅自己写书，还读了不少书。
5.3—6.1	叭！	被邀请在上流社会的晚宴上发表演讲。
6.1—6.8	啪！	在上流社会的晚宴上（或其他类似场合）发表演讲时滔滔不绝。
6.8—8.0	哧！	这类人在排队买东西时，后面总有很多的人在抱怨。
8.0—20.0	啷！ 已统计	警告——不要拍这些人的头，因为他们的脑子里装得太满，似乎很容易破。
超过20.0	零	这些人也许没有大脑，因为他们在两个句子之间从来不用标点隔开。

如果你想知道本书作者有多聪明的话，我可以告诉你，这本书里平均每个单词包含12个字母。

可怕的测验

也许，你已经看过本书最后一页的答案了，它们难吗？但是，如果你现在仍然记得，这本书在最开始的时候曾向你保证过的，有件事绝对会让你印象深刻，那就是即使是最讨厌它的人也能够凭自己的智慧计算出所有答案！

好了，现在该看看你能否做得出啦，下面就是题目。祝你好运！

1. 下列哪个数字不适合这个数列？

1，2，3，86.77561，4，5，6

2. 计算：2583900+1

3. 两枚火箭向佐格星飞去，第一枚火箭用时 3 年 9 个月 1 星期 4 天 11 小时 52 分 14 秒到达那里。如果第二枚火箭用时要比第一枚长 10 秒，那么第二枚火箭花多长时间到达？

4. 写出下面哪个分数需要花的时间最长。

$$\frac{4}{5} \quad \frac{1}{11} \quad \frac{355624}{1000927} \quad \frac{5}{6}$$

5. 如果仔细检查的话，你就会发现下面的算式里有一个“错误”，这个算式正确的表达应该什么样呢？

$15.978 \div 2.114 = 7.55$ 相差“818354”

6. 下面哪个数最大？

3，8，26，$297878^{39.66}$

再见，还有别忘记把书合上

好的！你已经完成了“可怕的测验”！你做得如何呀？如果你全都回答正确，那么真的是很不错。别忘了把答案给你周围的每个人看一看（尽管，你最好还是将题目保密），你就可以自豪地说：“这可是我心算出来的！”他们可能不会相信你，不过那是他们的问题。你知道自己没有说谎，这就够了。

正如你所见到的，这本书马上就要结束了。你不得不承认，我们有许多理由感到自豪。因为，你和我们一起经历了“经典数学”中很多刁钻、艰难的问题，并一同面对它们，解决它们。实话告诉你，有些问题并不是那么容易的。有些人可做不到这一点，他们一看到如下问题就吓得四散奔逃了……

……但是，读过“经典数学”的人从来就不知道什么是恐惧。

我们相信，你不仅学会了如何解决一些复杂的数学问题，而且从本书中得到了不少的乐趣。我们同时也感谢你一直陪伴着大家，并把书介绍给其他人。但是，在看完书并把它丢在一边之前，你一定要先确认已把书严严地合上，我们可不想让那些小妖精逃出来。

希望我们还能在下一本书中相会，在这之前，你应该牢记一个信念：

究竟什么是地球上甚至是宇宙中其他星球上最古老、最完整、最纯粹、最有用的知识呢？

你猜对啦——就是“经典数学”！

“可怕的测验”答案：

1. 86.77561
2. 2583901
3. 3 年 9 个月 1 星期 4 天 11 小时 52 分 24 秒
4. $\frac{355624}{1000927}$
5. $15.978 \div 2.114 \approx 7.55818354$
6. $297878^{39.66}$

你答对了几道题？

“经典科学”系列（26册）

肚子里的恶心事儿
丑陋的虫子
显微镜下的怪物
动物惊奇
植物的咒语
臭屁的大脑
神奇的肢体碎片
身体使用手册
杀人疾病全记录
进化之谜
时间揭秘
触电惊魂
力的惊险故事
声音的魔力
神秘莫测的光
能量怪物
化学也疯狂
受苦受难的科学家
改变世界的科学实验
魔鬼头脑训练营
“末日”来临
鏖战飞行
目瞪口呆话发明
动物的狩猎绝招
恐怖的实验
致命毒药

“经典数学”系列（12册）

要命的数学
特别要命的数学
绝望的分数
你真的会＋－×÷吗
数字——破解万物的钥匙
逃不出的怪圈——圆和其他图形
寻找你的幸运星——概率的秘密
测来测去——长度、面积和体积
数学头脑训练营
玩转几何
代数任我行
超级公式

“科学新知”系列（17册）

破案术大全
墓室里的秘密
密码全攻略
外星人的疯狂旅行
魔术全揭秘
超级建筑
超能电脑
电影特技魔法秀
街上流行机器人
美妙的电影
我为音乐狂
巧克力秘闻
神奇的互联网
太空旅行记
消逝的恐龙
艺术家的魔法秀
不为人知的奥运故事

“自然探秘”系列（12册）

惊险南北极
地震了！快跑！
发威的火山
愤怒的河流
绝顶探险
杀人风暴
死亡沙漠
无情的海洋
雨林深处
勇敢者大冒险
鬼怪之湖
荒野之岛

“体验课堂”系列（4册）

体验丛林
体验沙漠
体验鲨鱼
体验宇宙

“中国特辑”系列（1册）

谁来拯救地球